U0150664

ADR 探索家

数学⑪什么用？

学校里没教过的
数学趣史

[荷] 斯蒂芬·布伊斯曼 著　阳曦 译
Stefan Buijsman

Wiskunde en de wereld om ons heen

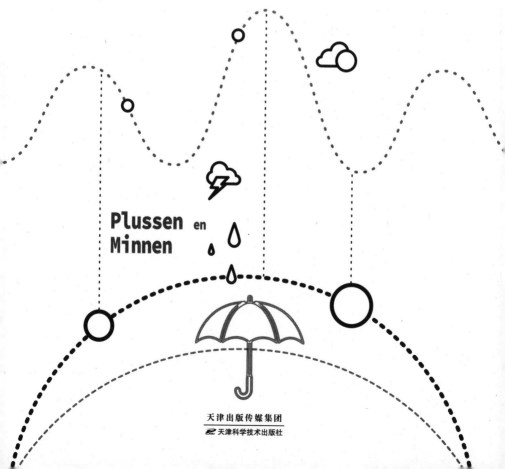

Plussen en
Minnen

天津出版传媒集团

天津科学技术出版社

著作权合同登记号：图字 02-2023-078

图书在版编目（CIP）数据

数学有什么用？：学校里没教过的数学趣史 / （荷）
斯蒂芬·布伊斯曼著；阳曦译 . -- 天津：天津科学技
术出版社，2023.7

ISBN 978-7-5742-1238-1

Ⅰ . ①数… Ⅱ . ①斯… ②阳… Ⅲ . ①数学史 – 世界
– 青少年读物 Ⅳ . ① O11-49

中国国家版本馆 CIP 数据核字 (2023) 第 097121 号

数学有什么用？：学校里没教过的数学趣史
SHUXUE YOU SHENME YONG?：XUEXIAO LI MEI
JIAOGUO DE SHUXUE QUSHI

选题策划：联合天际·边建强
责任编辑：刘 颖

出　　版： 天津出版传媒集团
　　　　　 天津科学技术出版社

地　　址：天津市西康路 35 号
邮　　编：300051
电　　话：（022）23332695
网　　址：www.tjkjcbs.com.cn
发　　行：未读（天津）文化传媒有限公司
印　　刷：三河市冀华印务有限公司

关注未读好书

客服咨询

开本 880×1230　　1/32　　印张 5.5　　字数 117 000
2023 年 7 月第 1 版第 1 次印刷
定价：55.00 元

目录

引言

让我们回到过去。我表情呆滞地望着我的数学老师。电子黑板上写着一串公式，还画了一幅图，图上有一条曲线和几条与它相交的直线。和其他每个学数学的初三生一样，我必须弄懂这些方程和图形的含义。为什么？就我个人而言，是因为我想学天文。当时我不知道的是，我实在太没耐心，所以根本学不好这门学科。但要是我那时候就知道呢？而且知道我最后学的专业几乎从来不用计算？那我就会打开谷歌（Google）输入下面这个问题：数学有什么用？

谷歌反馈的第一条结果是荷兰一份日报上的一篇文章，讲的是毕达哥拉斯定理和怎么切比萨，十分具体，但它只说明了数学很小的一部分用途。要是没有数学，我甚至没法用谷歌来搜索这个问题的答案，或者只能搜到一篇和问题完全无关的文章。谷歌这样的搜索引擎必须依靠数学才能工作。我指的不光是计算机采用了二进制；谷歌利用了数学中一个巧妙的分支来为我的问题寻找一个有价值的答案。在谷歌创始人谢尔盖·布林和拉里·佩奇于1998年设计出这种方法之前，比如你在搜索框中输入"比尔·克林顿"，只会得到他的照片和当时的那个笑话。如果你用雅虎（Yahoo）搜索"Yahoo"，关于它本身的词条甚至不会出现在前十！幸运的是，现在情况变了——为此我们应该感谢数学。

但时至今日，还有很多人和初中时的我有同样的感觉。对他们来说，数学是一面写得满满当当的黑板，上面的方程几乎都看不懂，而且你一旦离开学校就再也不需要它了。难怪那么多人觉得数学似乎既无法理解又没用。但事实恰恰相反：数学在我们的现代社会中扮演着非常重要的角色，只要把眼光放到方程以外的地方，其实它也没有我们平时想的那么难理解。谷歌为我们选择信息的方式，展现了数学对我们的日常生活有多么大的影响，包括正面的和负面的。谷歌、脸书（Facebook）和推特（Twitter）这样的数字化服务能强化人们已有的意见和信念。今天我们经常看到假新闻，这很难避免，部分原因就是这些服务运作的方式。要想学会怎么与假新闻斗争，首先我们必须理解互联网服务如何强化我们的意见，以及要改变它们的运作方式为什么很难。

在这本书中，我想展现数学是多么有用。现在我对数学有了更深的了解，从某种意义上说，这本书是写给小时候的我的；但它同样写给那些和以前的我一样，觉得数学计算又难学又没用，并且为自己和数学扯不上关系而感到庆幸的人。因为我是数学哲学家，关于数学如何运作以及我们如何学习数学，我思考得很多，所以我知道，它和我们所有人都有着密切的关系，无论我们在工作中用不用得上它。数学绝不仅仅是方程，所以这本书里的方程才这么少。如果你想解决一个具体的问题，方程确实有用，但它们常常分散你的注意力，让你看不到数学背后的理念。

在这本书中，为了展现数学其实不像很多人想的那样与我们毫不相关且难以理解，我会介绍数学的几个领域和它们背后的理念。这些领域的应用多得惊人，而且谁都能轻松理解，要是我们能忘记那些方程，那就更轻松了。比如说图论，既可以用于谷歌这样的搜索引擎、对搜索结果进行排序，也可以应用于预测癌症患者对某种特定疗法有何反应，还可以用于研究大城市里的交通流。

我在本书中介绍的现代数学其他领域的情况也一样，譬如统计学和微积分。它们背后的理念往往简单得出乎意料，而且比你在学校里学这些东西时所以为的有用得多。我们几乎每天都会在新闻里接触统计学，涉及罪案、经济、政治等领域的数据。很多时候我们并不清楚这些数据到底意味着什么，以及它们来自哪里。早在一个世纪前，人们就警告过，误导性的统计数据会带来什么危险。这是有道理的。时至今日，这些警告甚至变得更加重要。

和图论一样，微积分之所以有用，是因为它让各种应用得以实现。而对此，我们甚至都没有意识到。自工业革命以来，人们一直在应用微积分提高蒸汽机的效率，让汽车实现自动驾驶，修建摩天大楼，诸如此类，多不胜数。如果说有哪个数学领域改变了历史，那就是微积分。

但在我更详细地讨论数学的众多现代应用之前，我们必须先回到它的源头。这并不意味着寻找复杂的历史结论或者考证古代的先贤学者，而是检视人类自身的历史。我们每个人生来就拥有五花八门的数学技巧，靠着它们，哪怕不上数学课，我们也能生存下来。但历史告诉我们，等到人们过起了大集体生活，这些与生俱来的技巧就不够用了。当社会发展到某个特定阶段，由于规模过大，它离开数学便不能正常运转，于是我们不得不将注意力转向算术和几何。有的文明没有发展出任何形式的数学，也依然幸存了下来，但其社会规模一直不大，都没有发展起城镇。组织一个社群，为了确保安全而修建房屋和其他建筑，以及调节食物供给等，做好这类事情需要抽象的数学。数学让实际的问题变得更简单，让我们周围的世界变得更容易掌控。

数学到底有什么用？这个问题问的不仅是数学的实际应用，它首先问的是哲学。所以这本书始于哲学，到最后又回归哲学。许多个世纪以来，数学哲学家们一直在自问——数学到底是什么？它如何运作？他们反而不会过于操心求和、方程之类的事情。这些问题中有一部分还没得到解答，但数学哲学发展至今，已经足以让我们知道，正确的答案看起来应该是什么样子。

不过，和大部分哲学问题一样，你必须确定自己对数学的看法，你觉得哪些答案最有吸引力，以及你对如今人们使用数学的方式是否满意。比如说，脸书是否利大于弊？这个问题我留给你自己来回答。与此同时，我会试着解释，数学在脸书这样的社交服务平台中发挥着怎样的作用，如今我们都很熟悉的弊端为什么会出现，以及这些弊端为什么不能通过简单地改变它们背后的数学理念来解决。

第一章

我们身边的数学

　　每当你打开谷歌地图，寻找去某地的路线，你都会用到一点点数学。你打开应用软件，输入目的地，短短几秒钟内，就会自动出现几条可选路线。谷歌之所以能实现这一点，完全是靠对数学的巧妙应用。

　　想象一下，谷歌疯狂到请了一堆擅长读地图的人来帮你规划路线。每当你搜索路线的时候，这些人就会出来干活儿。这样做不但花费的时间很长，而且很没有效率。谷歌的"读图工"不得不为我这样的人反复规划同样的路线，因为我总是记不住从自己家到朋友家要花多长时间。更好的办法是，他们应该提前规划好所有可能的路线，以防某天可能有人需要它们。

　　但这又能好到哪儿去呢？另一个人需要的路线恰好和你之所需完全相同的概率并没有那么大，比如说，你住在一栋学生公寓里，正在寻找去大学的最佳路线。而我的邻居肯定不会去拜访我的朋友或者出版商；我之所以在软件上搜索我朋友或出版商的地址，是想再次确认自己能按时赶到。除非谷歌能预测我要去哪儿，否则它总是需要"读图工"来规划新的路线。还有，我们还是承认吧，无论他们有多擅长读图，这都需要花费大量时间。

　　这就是我们会把读地图的任务交给数学的原因。计算机帮你选出最佳路线，但它采取的方式不同于人工。计算机使用的数学不会识别卫星照片上的街道，也无法根据地图的比例尺计算距离。导航系统眼里的世界是一大堆用线条连接起来的小圆圈。虽然这听起来可能有点奇怪，但只要你见过地铁线路图，那你应该对此很熟悉。

对谷歌地图来说，如果你只需要乘坐地铁出行，那就很理想了，因为地铁线路图的设计本身就能适配它所使用的数学。计算机可以假装自己正沿着连接圆圈的线条前进，就像一列虚拟的地铁。对计算机来说，唯一的问题是，它看不到整体的路网。如下图所示，如果你想规划一条从A站到B站的路线，你很快就能找到答案。①线和②线有一个交集点C站，就在B站前面。所以最快最好的路线是顺着①线先坐到C站，然后换②线，再坐一站就到了B站。

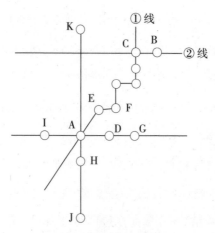

地铁线路示意简图

从另一个方面来说，计算机必须通过更复杂的程序才能找到最短路线。它不知道A站和B站的相对位置，所以它的虚拟列车只能随机前进，直至最后抵达正确的目的地。此外，计算机需要知道列车从一个小圆圈开往另一个小圆圈需要花费多少时间。正如我们大家都知道的，地铁线路图上的距离并不代表站与站之间的真实距离，它只起到一种示意作用，经常会出现地铁线路图上从甲站到乙站比到丙站的距离看着更远，但其实花费时间却更少的情况。

这个问题的解决方案是，在路网内连接站点的每根线条旁边设置一个数字，标明列车行驶这段路程需要多久。然后计算机就能利用这些数字来寻找最佳路线。最简单的导航系统会检视从A站出发的所有不同路线，从最短的可能路线开始，然后是第二短的，以此类推。

所以在这个例子里，计算机从A站出发，寻找最近的站点。D站和E站都只需要1分钟就能到达，所以这两个站都可以作为第一个选项。接下来，计算机是会从E站出发前往F站，还是从D站去G站？都不是，它会做出次一级的尝试，朝H站的方向前进，因为这段路程比去F站和G站都短。接下来它会检验距离A站3分钟车程的I站。只有在检查了所有这些选项后，计算机才会继续前往从A站到B站方向的第二个站点。

以这种方式，计算机需要花好一阵子功夫才能走过7个站、历时22分钟的车程最终抵达B站。走到终点之前，它已经去过了地图正下方只有19分钟车程的J站，和正上方的K站，这个站的车程更短，只要17分钟。但它最后还是抵达目的地，而且只要找到了B站，计算机就能确保它算出的第一条路线就是最短的。这一切听起来很没有效率，人类的方向感和把握全局的能力似乎能让事情简单许多。但计算机还是比我们快，原因很简单：它每秒能计算的次数比我们多得多。

　　谷歌地图的工作方式大体也是这样。地图上的那些小圆圈不是地铁站，而是路口，例如环岛或者快车道交口。对数学来说，一条线代表的是快车道还是小巷子，它们的意义不一样。和地铁线路图一样，所有区别最终都会落实到反馈给你的行程时间上，这个时间就是基于谷歌地图标在每条线旁边的数字算出来的。一条快车道和一条小巷的长度可能一样，但你在小巷里开得肯定慢得多，所以在系统里，小巷旁边标的数字要比快车道旁标的大得多。这些数字还能帮助我们在考虑交通堵塞的情况下调整行程时间。如果预期会堵车10分钟，谷歌只需要调整堵塞路段旁边标记的时间，比如从10分钟调整到20分钟。然后，如果你重新计算路线，这段延迟会被自动纳入新的旅途时间。你可能会被重新指引到支线道路上以避开堵车，或许你现在走的路线比原来更长，但畅通无阻。

　　路途若近，这种数学方法则十分有效，但要是你想去更远的地方，它便不再适用了。如果你想从纽约驱车前往芝加哥，谷歌地图首先会把从纽约出发、车程小于12个小时（这段旅程花费的时间）的所有路线跑一遍。计算机能以极快的速度计算，但即便是现代计算机，也无法在短时间内完成这么多计算。所以，谷歌地图会使用许多数学技巧来减少计算量。我们不知道这些技巧到底是什么，谷歌也没有公开自己的方法，但我们会在第七章中更详细地探讨这件事。

　　正如我们已经看到的，导航系统推荐的路线是通过数学筛选出来的。但这种数学不一定比我们聪明。计算机不顾一切地寻找最终目的地，这个过程往往很没有效率。数学没有让问题变得更简单，因为到头来，计算机必须完成比我们更多的工作，但计算机的确让我们的生活变得更简单了，它能更快找出最佳路线，因为它每秒能完成的计算量大得惊人。

来自视频网站的推荐

在你打开网飞（Netflix）浏览新的电影和电视剧时，每部影视剧旁边都标有一个绿色的百分比数字，告诉你它和你平时看的东西有多契合。有时候这种推荐错得离谱，网飞认为你应该觉得这部电影很精彩，结果你却大失所望。但要是换个思路，不要忽略这些百分比数字，它们应该能相当准确地反映你的喜好。这些推荐完全是自动生成的，你之后看的其他类型节目较多，它们也会随之改变。换句话说，某个地方有一套计算机程序知道什么片子符合你的口味，什么不符合，虽然它完全不了解这些影视剧的内容。

当然，网飞的推荐基于它拥有的用户信息。海量用户通过网飞观看影视剧，这家公司持续记录着他们的观看习惯。简单来说，这意味着网飞知道我们每个人看的是哪一类的影视剧，无论是介绍路线规划算法的纪录片，还是恐怖电影，或者其他什么东西。网飞还会把它的所有影视剧分为不同的类目，然后利用这两套数据做出推荐。如果你看了很多恐怖电影，那你很可能想看一部以前没看过的恐怖电影。听起来够简单吧。

困难在于网飞做的另一些事情。它会以百分比的形式给所有未归入特定类目的影视剧打分，例如我们现在说的恐怖电影。这个百分比代表的是这部电影和你平时看的东西有多高的契合度。换句话说，网飞还会判断一部冒险电影和一系列恐怖电影的相似程度。如果这部电影里有很多吓人的情节，那么比起那些没这么恐怖的电影来，它更契合你平时的观看习惯。如果你请朋友推荐一部电影来看，他们往往会告诉你各种剧情细节。网飞也能给你这类信息，但它的推荐肯定不如真正的影迷那么准确。

更为复杂的一种情况是，你可能只看特定类型的恐怖电影。如果你不喜欢有大量血腥场面的电影，那么对你来说，特别血腥的电影可能远不如一部恐怖程度略高于平均水平的冒险电影。有时候，只靠粗略的分类并不能做出最佳推荐，因为真正重要的是电影的具体内容。鉴于计算机不能理解内容，也许网飞应该简单粗暴地雇一大批能鉴赏影片的人。但要满足成百上千万的观影者，这样的方案完全不可行，所以网飞不得不借助计算机和算法来做推荐。这是可行的，但的确需要一点技巧。

背后的理念其实非常简单：只要它推荐的东西和你喜欢看的相似，那就没错。世界各地的人们通过网飞观看他们喜欢的节目，因为这些节目和他们以前看过的影视剧相似。对网飞的计算机来说，如果有很多人在看过一部电影以后又看了另一部，这两部电影就是相似的。如果成千上万的人在看过《钢铁侠》以后又看了《钢铁侠2》，那么这两部电影一定相似，所以给看过《钢铁侠》的人推荐《钢铁侠2》准没错。使用网飞的人越多，这样的推荐就越准确。计算机程序会推荐其他很多人看过的影视剧，它们和你自己看过的东西大体相似。

这个解决方案有一个问题。网飞目前的用户已逾2亿，每个用户都看过大量影视剧。网飞的推荐基于简单的数学计算：它会查看有多少观看记录相同的人也同样看过它想要推荐的这个节目。问题就藏在这样的计算里。我在这里做的解释是一个简化的版本，部分原因是具体的细节并不公开。网飞还必须考虑那些观看历史相似但不尽相同的人，还有那些既爱看恐怖电影也爱看纪录片的人。这两种节目都看过的人要少得多，这会让推荐变得更不可靠。事实证明，这个简单的理念真正实践起来要复杂得多。

有鉴于此，网飞才会把所有影视剧放到一张地图上，就像我们在上节提过的地铁线路图一样。每部电影或者电视剧都是一个圆圈，就像网飞世界里的一个地铁站。你可以通过点击网飞页面上两部不同的影视剧，从一个站点前往下一个站点。

为了完成计算，这幅地图上也需要添加数字。这些数字代表的不是行程时间，而是一条线两头的节目有多少人都看过。下面你可以看到一个很简单的例子，它只包含了三部电影，虚构的数字表示某条线两头的电影有多少人都看过。

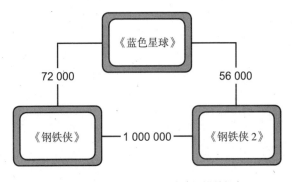

网飞上三部电影的观影人数（假想数据）

问题在于：每部电影分别应该得到一个什么样的百分数，以表明它有多契合你的观看习惯。我们不妨假设，你只在网飞上看过《钢铁侠》。计算机必须预测你会有多喜欢《钢铁侠2》和《蓝色星球》。根据图上的数据，《钢铁侠2》应该得到一个很高的百分数。归根结底，如果一部电影有很多和你观影口味相似的人看过，那你喜欢它的概率要大得多。从另一个方面来说，《蓝色星球》应该得到一个低的百分数，因为看过它的人没几个看过《钢铁侠》。此外，看过《钢铁侠2》（计算机认为这部电影应该符合你的口味）的人里只有少部分人也看过《蓝色星球》——给《蓝色星球》打低的百分数的理由又多了一个。

最后，计算机会用它自己的预测——比如预测你会有多喜欢《钢铁侠2》——来优化它对其他影视剧的预测。如果只有三部电影，这个过程不难追踪。但要是有成千上万部影视剧呢？理论上可以实现；只要有足够的时间和空间，你也能自己找出你想走的每一条路线。但感谢数学，尤其是我们将在第七章里进一步详细介绍的图论，这种可能性不光存在于理论上，也能转化为实践，只要你有一台性能足够强大的计算机。其背后的算法系统让网飞得以全自动地预测你是否会喜欢一部特定的影视剧，而不需要雇一支影迷大军。

数学无处不在

我们每天都会在各种地方碰到数学。当然，我说的不是字面上的意思；虽然我的工作是思考数学，但我平时也不需要做任何数学计算。不过，数学在我们生活的幕后扮演着重要的角色。要是没有数学，就没有谷歌地图来告诉你该走哪条路；网飞会随机推荐几部你可能喜欢的影视剧，但它们和你的口味偏好相去甚远；谷歌的搜索引擎几乎彻底失灵。简而言之，我们日常使用的服务之所以能实现，唯一的原因是它们在幕后使用数学。

网飞、搜索引擎和路线规划软件之类的服务都依赖于同一个数学分支：图论。但在日常生活中发挥重要作用的数学分支不止这一个。你的手机推送的许多新闻文章包含着统计学。比如，选举民意调查号称能用一系列数据展现全国的投票偏好。但这种调查有多大的用处？正如我们在2016年美国总统选举中看到的，民意调查可能严重失真。根据调查，希拉里·克林顿本应获胜，有专家宣称这个结果正确的概率近乎100%。数据很容易被误导，哪怕并非出于故意。统计学能掩盖各种事情。如果你不懂问题可能出在哪里，看起来毋庸置疑的统计结果也可能毫无用处。民意调查能反映一些事情，这固然很好，但如果它们如此频繁地错得离谱，你怎么能信任它们？

你从手机里抬起头来，点了一杯意式浓缩咖啡。它是用一台巨大的不锈钢咖啡机制作出来的，这台机器会把水精确地加热到合适的温度。如果这台咖啡机是豪华款的，它做的就不只如此了。它会监测水的升温速度，然后基于这个信息判断水是需要再加热一下还是应该让它冷却一会儿，诸如此类。它会不断这样做，直到水温趋于完美，然后它就可以制作咖啡了。你完全看不到这个过程，但就在你的鼻子底下，你的数学老师以前念叨的那些公式正被用来为你制作一杯咖啡。

你一边喝咖啡，一边看政治新闻。政府修改了一些政策计划。你不确定这是不是个好主意，所以你看了看有关新计划的解读和预测报告。和平时一样，经济研究机构对它们做出了详细的分析。决定某件事是好是坏的因素实在太多，你根本没法全面了解。但所有这些因素可以通过计算汇总成一条对你来说很重要的信息：最终你兜里的钱会不会变多。这也依赖于大量的数学计算。

从这个角度来看，我们发现数学极大地影响着我们的生活。虽然我们自己不需要做任何计算，但我们的生活的确依赖于海量的计算。我们做决策所倚仗的信息是别人通过数学得出的结果，就连你最终看到的结果，都依赖于谷歌、脸书或者其他过滤数据的网站在某处计算机上所做的计算。我们周围的技术越来越多地依赖于数学。不光是街角那家咖啡馆的豪华咖啡机，还有将你送到度假地的飞机上的自动导航系统，以及你每天在工作中用到的那台计算机——它们全都依赖于数学。在我们周围，数学无处不在，更深入地了解这门学科并弄清它如何影响我们的生活，将变得越来越重要。

这本书要讲的基本就是这个：懂一点数学是多么有用。但什么是数学，它如何运作？这首先是一个哲学问题，可以追溯到柏拉图和苏格拉底。他们问自己，数学是关于什么的，我们该怎样学习它。此外，如果你再多想一会儿，数学的应用如此广泛，但它又如此抽象，这真是件奇怪的事情。它怎么能这么有用？要回答这个问题，我们需要求助于哲学。

第二章

从哲学中分离出来的数学

　　一群囚犯被铁链锁在墙边。他们的头被固定了，只能看到面前没有窗户的另一堵墙。对于一辈子都被锁在这堵墙边的他们来说，唯一真实的事物就是面前那堵墙上的影子。要是靠得够近，他们就能摸到那些影子。他们谁也不知道监狱以外的生活是什么样的。他们的世界里只有影子。

　　柏拉图的洞穴寓言就是这样开始的。柏拉图把我们比作洞穴里的囚犯，我们在自己周围看到的，只是无法直接被我们看到的某些东西投下的影子。比如说，你坐在一张桌子旁边，当然，这张桌子的确存在；但柏拉图把它看作墙上的影子之一。他感兴趣的不是这张特定的桌子，而是联系着所有桌子的抽象概念，是它让你面前的这件物品成了一张桌子，而不是其他的什么东西。你无法直接看到这个抽象概念。你必须弄清它到底是什么，是什么在这堵墙上投下了影子。你通过观察周围各种各样的桌子来完成这个任务。

　　按照柏拉图的说法，数学也是这样运作的。数学到底是干什么的？对柏拉图来说，数字就是投下影子的抽象概念之一。这就是他的答案。

我们无法直接看到它们。你不能把一个数字抓在手里，也不会在边看手机边走路的时候踢到它。当然，我可以写下一个数字，比如"2"，但正如"太阳"这个词不是一颗恒星，数字"2"也不是我现在说的这个意义上的数字。用柏拉图的例子来说，我们周围的世界不过是一些影子，而数字总是藏在我们背后的某个地方。

我们可以用这种方式看待数学。谈到数字的时候，举个例子，1+1=2，如果是这样的，那么我们讨论的是真正存在的一些东西。但它们存在的方式和你面前的这张桌子不一样。柏拉图认为，它们"更真实"，因为他觉得抽象的知识比关乎具体事物的知识更有价值，所以他才会把人们平时在身边看到的东西理解成抽象概念的"影子"，并相信数字和其他"真实"事物飘浮在另一个宇宙中。我觉得这扯得有点儿远了，但他看待数字的理念影响深远，以至于直到今天，我们仍把那些赞同他的主张的人称为"柏拉图主义者"。

那么，数学也是这样吗？用这种方式看待数学似乎很合逻辑。你的数学老师向你描述数学世界是什么样的：那是一个真实的世界，只是你看不见它。数学家们研究那个世界，就像物理学家研究我们能看见的世界一样。结果，数学看起来离我们的日常生活十分遥远。难怪有那么多人跟数学不对付：了解那个世界之前，你必须先搞清楚该怎么找到那个世界。

如果你无论如何都没法看到、触摸到、闻到或者感知到一个世界，那你该如何了解和它有关的知识呢？根据柏拉图和柏拉图主义者的说法，数学独立于我们日常生活中的所有东西。但它也不是完全独立的：柏拉图以朋友家的奴隶为例，来说明我们能以何种方式接触数学。这名没受过教育的奴隶得到命令，要在沙子上画一个面积两倍于已有正方形的正方形，但不能做任何测量。这实在很困难。你如果把正方形的每条边延长到原来的两倍，最后会得到一个四倍于原面积的正方形。要在不用尺子的情况下解决这个问题，你需要一个巧妙的方案。

　　在柏拉图的例子里，这名奴隶身边的人向他提出了各种问题。这些问题经过精挑细选、具有诱导性，所以奴隶明白了，应该先在原始的正方形里画一条对角线。在下面的示意图里，原始的正方形用浅灰色标了出来。在它旁边画三个大小相同的正方形，构成一个四倍于原面积的大正方形。然后，用示意图中的虚线将这个大正方形分成两半。于是，你得到了一个恰好两倍于原面积的正方形。

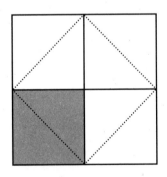

如何画一个两倍于原面积的正方形

　　在这个例子里，柏拉图帮助这名奴隶的唯一方式是提问。奴隶逐渐"自己"明白了该如何把正方形的面积扩大一倍。柏拉图想向我们展现数学如何运作，他说奴隶实际上早就知道这个答案；哲学家只是帮他把答案想了起来。柏拉图宣称，这是因为我们前世已经知道了所有的数学知识。这些知识仍埋藏在我们的潜意识深处。按照柏拉图的说法，要学习数学，我们只需要回想起自己已经知道的东西。

这听起来其实有点儿牵强，我希望你也这么认为，因为柏拉图的解决方案毫无道理。在他的例子里，他给奴隶提问题实际上是在作弊。他把解法先画了出来，然后问了一堆"是不是"的问题，以证明使用对角线的技巧是有用的。这名奴隶之所以能"教会自己"，完全是因为柏拉图以提问的形式一步步向他解释了整个过程。然后柏拉图宣称，这些东西全都来自奴隶前世的记忆：往最轻里说，他的前世肯定非常特别。

那么，既然柏拉图的方案毫无道理，我们到底该怎么了解数学世界呢？真相是，我们自己也不清楚。如今的柏拉图主义者——相信数学关乎真实数字的人——用别的方式回答了这个问题。至于他们的答案对不对，那又是另一回事了。当然，他们的确认为，我们可以学习数学：说到底，我们刚刚才会了该怎么画一个两倍于原面积的正方形。就连基础很差的小学生也知道一些和数字有关的知识。柏拉图主义者只是没搞明白这是怎么做到的，数学世界抽象得看不见摸不着，我们怎么可能学到关于它的任何知识。

但我们为什么会觉得数学世界抽象得看不见摸不着呢？柏拉图认为，这是因为他那个时代有很多数学家这样说，直到今天仍有很多数学家持有同样的看法。但我们应该相信他们吗？现代有一大群哲学家表示，最好别信。忘了洞穴里的囚犯吧，想想夏洛克·福尔摩斯。

把数学当成一个宏大的故事

夏洛克·福尔摩斯住在伦敦贝克街221号B座。你可以前往那幢房子拜访。不过当然，福尔摩斯并非真的住在那里，他是虚构的侦探，后来还衍生出了很多关于他的故事、电影和电视剧。所以我们不会第一时间想到："胡说什么，夏洛克·福尔摩斯怎么可能住在贝克街？"故事里的他的确住在那里，但现实中的伦敦从来没有叫这个名字的人在这个地址住过。我们也可以用同样的方式看待数学。

数学讲了一个故事，这个故事关乎数字、图形和其他各种东西。这个故事讲述了一个世界，就像柏拉图描绘的那样。这个世界不会有任何变化，万事万物都以最合乎逻辑的方式完美呈现。但唯名论者表示，这和夏洛克·福尔摩斯的故事一样虚无缥缈。数学描述的世界并不存在。数学家们讨论数字和三角形之类的东西，但这些东西实际上并不存在。唯一真实的是你看到的周围的东西；那个独立的数学世界根本就不存在。

换句话说，柏拉图宣称我们发现的数学知识是早已存在的东西，但也许根本没有什么东西等待我们去发现，关于数学的所有知识都是我们自己凭空想出来的。这造成了最荒谬的后果：如果数学讨论的东西并不存在，那么关于数字、三角之类的所有东西也都不是真的。我们说3是质数，1+1=2，但这都不是真的："1+1=2"不是真的，因为数字并不存在。就像"夏洛克·福尔摩斯住在伦敦"是个错误的说法，因为这个人从来就不存在。

　　所以，为什么你就不能直接告诉你的数学老师，所有数学都是胡说八道？因为哪怕对唯名论者来说，有的数学知识再真实不过了。比如，从某种意义上说，我对夏洛克·福尔摩斯的描述是真的，它们和福尔摩斯的创造者亚瑟·柯南·道尔爵士讲的故事一致。如果我声称福尔摩斯住在阿拉斯加，你可以用他书里的内容来证明我错了。你随时都能用书里的描述来检验任何关于福尔摩斯的命题。数学也一样：从数学这个故事的角度来说，"1+1=3"的命题不为真。

　　不过，我要再说一遍，我们并不知道数学具体如何运作。换句话说，我们并不知道自己发现的知识是来自一个难以触及的抽象世界，还是说一切都是我们自己编出来的。这是因为，无论是柏拉图主义者还是唯名论者，都无法成功解释我们如何了解数学。

　　对柏拉图来说，很难去说我们如何才能接触数字的抽象世界。至于那个世界是否存在，这不是关注的焦点。举个例子：我们如何了解夏洛克·福尔摩斯？答案显而易见：读一本和他有关的书。我们只要能记住自己读了什么，就能学到一些和这位侦探有关的知识。但面对数学，这就难一些了。数学的故事十分特别，因为我们往往相信它们描述了我们周围的世界，与此同时，谁也不会把书里夏洛克·福尔摩斯的故事当真。所以，我们很难解释数学如何运作。那些人满嘴念叨的东西字面上就不真实，你怎么能确信他们建立的是一门严谨、有价值的学科呢？对于这个问题，唯名论者直到今天也没说什么好话。

　　哲学也一样。要是你看不懂被哲学家们搞得这么复杂的所有细节，千万别担心。我主要想让你明白的是，我们可以用两种方式看待数学。

无论柏拉图主义者和唯名论者对数学的看法有多么不一样，他们都试图解释数学如何运作，并告诉我们，在我们"做"数学的时候到底发生了什么。柏拉图主义者说，我们发现的各种知识来自一个充满了抽象事物的世界。唯名论者说，那个世界并不存在，所有东西都是我们自己编造出来的。只要弄清了这个区别，而且你愿意相信我们还不知道这两种说法到底哪种是真的，这就够了。

美的价值

如果说哲学家之间的争执澄清了一件事，那就是数学关乎某些非常抽象的东西。难怪初中生经常弄不清它有什么用。数学似乎和我们周围的世界无关。如果你把数学看成一个独立的世界，它完全不会和物质世界发生任何接触，那么的确如此。如果你把数学看成一个故事，那么这个故事和我们的现实世界又有什么关系呢？归根结底，既然我们不会通过阅读夏洛克·福尔摩斯的故事来了解昔日的伦敦，那我们又为什么要学习数学的故事呢？既然数学和物质世界无关，我们怎么可能用它来理解这个世界？

实际上，数学能为我们理解周围的世界提供极大的帮助。在第一章中，我们看到了好几个例子，即数学如何发挥重要作用，让问题变得更简单。它之所以能提供帮助，正是因为它是抽象的——而且它提供帮助的场合不仅限于日常生活。几个世纪以来，科学家也一直利用数学做出新发现，这十分出人意料，因为他们的经历表明，数学甚至比我们从上一章的例子中所了解到的更有用。

我们不妨从艾萨克·牛顿（1643—1727）开始。年轻的牛顿坐在一棵苹果树下，望着周围的乡村。突然，一颗苹果砸在他的头上，牛顿恍然大悟："是了！这就是引力！"至少故事里是这么说的。不管这个苹果存不存在，牛顿关于引力的想法是开创性的。有史以来第一次有人意识并诠释地球上的东西为什么会往下掉，同样地，恒星和行星的运动也可以用这种理论来解释。剩下的就是历史了。我们都知道，牛顿的想法很聪明，绝不是什么把两件毫无关系的事情硬扯到一起的疯狂理论。

但是，那个时代的人恰恰认为牛顿的理论太疯狂了。牛顿把引力描述成一种远距离作用力，它使得物体以一种近乎奇幻的方式互相吸引。当时的人们相信，万事万物必须互相接触才能产生影响。牛顿的想法太奇怪了：没有任何互动的物体怎么能影响彼此呢？如果这两个天体完全没有任何接触，那么地球怎么"知道"太阳就在那里，太阳怎么把地球往自己的方向拉扯？多亏了爱因斯坦，我们现在可以很好地回答这个问题，但在牛顿提出引力理论的时代，这个问题还没得到妥善的解答，只有一些令人印象深刻的数学。问题是，这些数学也是对的吗？

我们知牛顿基本上是对的，这得感谢他的理论做出的预测。现在，我们可以更准确地测量一切，并看到这些预测和现实的契合度很高。在牛顿那个时代，人们很难看出他的理论才是最好的。科学家们的观测结果与牛顿预测值之间的偏差有时候高达4%，但牛顿还是觉得，一套能同时适用于地球和其他所有天体的理论才是更好的。这样的理论更"简洁"，它不光在物理学方面更简单，在数学上也没那么复杂。

让人惊讶的是后来发生的事。物理学家继续验证牛顿理论。靠着我们如今拥有的仪器，它们当然比牛顿时代任何设备都精确得多，我们知道，他的理论误差绝不超过0.000 1%。虽然他自己并不知道，对简单数学的偏爱最终让他的理论大获成功。尽管牛顿在英国乡村那棵苹果树下想出这套理论的时候还无法做出准确的测量，但后来人们证明了他的数学预测准确度极高。

疑心重的读者可能会说，这一切不过是巧合，比起其他那些名字早已被我们遗忘的人来，牛顿只是运气很好。就算牛顿的发现真的只是巧合，但类似的故事多到了不容忽视的地步。哥白尼提出了直到今天我们还在使用的太阳系模型：太阳在中间，地球绕着它运转。和那些一个比一个复杂的地球在中间、太阳绕着它转的模型相比，哥白尼的模型也使用了更简单、更优雅的数学。

事实上，哥白尼的预测可靠性不如那些更复杂的理论。这是因为，他以为地球的公转轨道是一个圆，但它实际上是椭圆形的。但最后事实证明，更简单的哥白尼理论——数学家们更偏爱的那种——更好。

更值得注意的是保罗·狄拉克在20世纪初做出的发现。当时他正在研究量子力学。和牛顿一样，他的目标是用同一种方式解释物理学的不同方面。他也使用了一套数学模型，它产生的结果符合人们当时的认知。

但狄拉克遇到了一个问题。虽然他的模型完成了既定目标，但它还额外做出了一些奇怪的预测。电子是狄拉克感兴趣的东西之一，这是一种绕着原子核旋转的小粒子。当时的物理学家对电子已经有了不少了解，狄拉克的方程非常准确地描述了它们的行为。但是，根据这个方程，应该存在另一种粒子，它与电子处处相反。当时谁也没见过这种粒子，也没有任何理由相信它存在。

我们现在知道，狄拉克的数学模型做出了一个全新的预测。但在20世纪初，狄拉克和其他物理学家过了好一阵子才意识到这是怎么回事。起初，狄拉克提出，这种神秘的反粒子是质子。当时质子已经被发现了，它携带一个正电荷，而电子携带负电荷。但这是不可能的：质子比电子重得多，所以它不可能与电子处处相反。狄拉克找不到任何解决方案，除非存在一种新的粒子：正电子或反电子。

截至目前，我们在本书举出的案例中还没见过这样的事情。在这个例子里，数学所做的不仅仅是让问题变得更简单，或者做出超乎预期的预测；它还预测了某种我们前所未见的东西的存在。科学家们开始寻找这种新粒子，这完全是因为狄拉克的数学理论看起来无懈可击、不像是错的。

于是，他们挖到了金子。狄拉克做出预测后不久，卡尔·戴维·安德森证明了正电子的存在；1936年，就在他做出这一发现的短短四年后，他获得了诺贝尔奖。正电子不光是电子的反粒子，它还是有史以来人类发现的第一种反物质粒子。数学让正电子的发现成为可能。

在物理学中还有更多类似这样的发现，数学中某些奇怪的东西最终被证明是正确的。大约在1823年，奥古斯丁·菲涅耳对光的行为产生了兴趣。作为物理学家，他也设计了一个简单而紧凑的数学方程，以解释我们周围世界里的一些东西：光被反射的时候会发生什么，比如说被一面镜子反射时。

镜子这个例子很简单，因为它反射光的方式非常准确、可预测。如果你站在一面镜子的正前方，光会直接反射回来，你就会看到你自己。但要是你从某个角度望向镜子，看到的就不再是自己，而是另一边的某个东西，它和镜子的距离与你和镜子的距离完全相等。

菲涅耳的学术追求不止于此。他想知道的是，比如说，光从水中射入空气的时候会发生什么，或者光从空气中射入透明玻璃的时候会发生什么。这听起来很难，但菲涅耳设计的方程并不比镜子涉及的方程更复杂。他只需要增加一个符号。这个数学方程同样简单而紧凑，但和狄拉克的模型一样，它也会产生奇怪的结果。

菲涅耳的方程预测了光有时候会被折向一个不可能的角度。他的数学模型引入了复数，这种"额外"的数字指代的不是我们能用正常方式数出来的东西。当时人们觉得，复数能简化计算，但不能太跟它较真。可当菲涅耳算出了复数的时候，他恐慌了：他的简洁模型预测了某种完全不可能的东西！

菲涅耳由于不想放弃自己的模型，于是决定假设这个奇怪的结果是正确的。他做对了：在模型产生奇怪结果的那些情况下，光展现出了完全符合计算的非常奇妙的行为——他的计算结果归根结底其实没那么奇怪。就连光从水中射向空气的时候都会产生完美的反射，仿佛水面是一面镜子。菲涅耳用他的数学模型发现的是当时物理学家还没有认真思考过的东西。但我们大家现在都知道它。看看图片中的海龟是如何被反射在水面上的。菲涅耳模型产生的奇怪结果，那个谁也不想要的复数，描述的正是这种反射。简洁的数学方程再次被证明是正确的；它产生的奇怪结果让我们看到了前所未见的东西。

水面上海龟的倒影

　　这些例子展现了数学能以这么多方式发挥重要作用。它让问题变得更简单，让物理学家得以发现新的东西。这完全是因为他们偏爱简洁的数学模型，并把偶尔出现的奇怪结果当成整体的一部分全盘接受。就算没有任何证据表明这些数学理论是正确的，他们仍坚持自己的方程，而且事实一次又一次证明，他们的坚持很有道理。

当然，事情并不是每次都这么顺利。最终被证明错误的理论同样多不胜数，无论它的数学模型简洁与否。但令人惊讶的是，这种情况出现得很频繁：科学家因其简洁而偏爱的数学模型的确帮助了我们更好地理解世界。对于任何一个思考数学——无论以何种方式——的人来说，这是一个必须解开的谜题。数学显然有用，但我们怎么可能如此成功地应用它呢？

让我们回到柏拉图的抽象世界。那个远离日常生活的数字世界和我们、和物理学家试图描述的世界全然无关。对我们周围的世界做出预测的数学并非来自物理世界，所以，那些预测似乎也是凭空冒出来的。数学世界怎么会知道真实世界的事情？

夏洛克·福尔摩斯的故事也不能帮我们回答这些问题。故事可能不像柏拉图所阐释的数字那样远离现实世界，但无论现在还是未来，它都是虚构的。在牛顿的方程被设计出来以前，我们并不知道它能如此有效地帮助我们理解引力。狄拉克构建方程的时候也没有任何人知道正电子的存在。同样，如果我们发现夏洛克·福尔摩斯的故事里关于当时伦敦的一些事情竟然是真的，那也会很奇怪，因为这都是亚瑟·柯南·道尔编出来的，他把它们写进故事，只是为了满足剧情需要。

所以，我们才这么想弄清楚数学到底如何运作。我可以举出海量的例子来证明数学是多么有用。在下面的章节中，我要做的正是这件事，专注于讲述它如何直接影响我们的日常生活。在最后一章里，我会回到自我成为哲学家以来就一直痴迷的那个问题：数学怎么可能这么有用呢？

但这并不是我在本书中提到的最重要的问题。首先，我们必须承认，数学有用，自己懂一点数学很重要。归根结底，就算知道数学有用，但要是你自己根本用不着，那你为什么要在乎它呢？你就不能完全不跟数学打交道，却依然快乐地生活下去吗？

第三章

没有数学能生活吗？

晴朗无云的蓝天下，一个巴西男人乘着船沿亚马孙雨林腹地的迈奇河顺流而下。这条河的岸边有一个几乎与世隔绝的小部落，生活着一群皮拉罕人，这个男人每年都来造访他们，希望能带回去尽可能多的巴西坚果、橡胶和其他天然产品。他的船上装满了用来交换这些东西的货物：威士忌、烟草，更多的是威士忌。

跟皮拉罕人做生意是个不小的挑战。这样的买卖，皮拉罕人已经做了200年，但他们还是只会说一点儿葡萄牙语。幸运的是，对这个男人来说，这已经足以让他得偿所愿：以一个让其他商人嫉妒得脸色发青的价格换来值钱的坚果和橡胶。但这个价格的波动幅度可能很大：有时候皮拉罕人会用满满一桶坚果交换一支香烟，而在另一些时候，他们会要求只用一小把坚果交换一整包烟草。除此以外，其他的倒是很简单：皮拉罕人从他的船上挑走货物，直到商人开始表示抗议。

这个部落看待整个交易的视角和我们完全不同。巴西商人搞不清楚自己的烟草或威士忌能卖到什么价格，在皮拉罕人看来，这根本不是问题。他们没有数字的概念。他们之所以不会坚持一个固定的价钱，完全是因为他们不知道这该怎么去实现，而且他们也看不出有什么理由要这样做。但他们的脑海中对不同的商人的确有清晰的印象，他们很清楚谁诚实守信，谁每次都企图以低价换走他们的货物。

发现这一切的人是丹尼尔·埃弗里特，这位美国研究者在皮拉罕部落生活了很多年。他是少数几个会说皮拉罕语的外来者之一。埃弗里特发现，皮拉罕语里没有数词。他们有时候会用语言指代大体的数量，但皮拉罕语里甚至没有一个表示"1"的词（也没有表示"红色"的词，更没有完成时态）。这让皮拉罕成为少数几个完全不使用数学的文化群落之一。他们的语言（和其他几种语言一样）里没有表示线条、角度或其他几何概念的词。由于数学的历史约有5 000年，这个奇异的社会为我们提供了一个独特的机会，让我们得以一窥自己的过去。

这使得皮拉罕人和我们之间产生了巨大的文化差异。他们不用费心去关注各种东西值多少钱，现在是什么时间，或者自己有没有足够的钱撑到这个月底。他们没有货币，交易全靠以物易物。这一切之所以能实现，是因为他们的部落很小。每个人都互相认识，唯一重要的事情是生存。他们不会注意自己的家谱，也不关心谁是什么时候去世的，等到认识死者的所有人全都死亡，这位死者就被彻底遗忘。皮拉罕人的生活完全专注于此时此地。

这样的文化群落没有多少需要数学的地方。在皮拉罕人自己的坚持下，埃弗里特试着教了他们一段时间数学，结果彻底失败了。8个月里他每天给他们上课，教他们数字和几何图形，要求他们画直线，或者把从1到5的数字按顺序排列。尽管如此，在这么长的时间里，他仍无法教会他们任何数学知识。

难道他们就是没法学会数学？也许不是，但皮拉罕人似乎对来自外界的知识不感兴趣。他们不相信问题的答案有错误的，也有正确的。每当埃弗里特提示，某些数学问题的答案可能错了，他们就会在纸上画几个符号，或者胡乱写几个数字。有时候他们完全不理会数学，径直聊起了当天发生的事情。对他们来说，哪怕只是连续画两条直线，这样的要求也太高了。

这听起来简直像我自己上数学课的样子，只不过皮拉罕人完全出于自愿。但他们来上课主要不是为了数学：埃弗里特每次都会做爆米花，而且这也是大家聚在一起交换信息的好机会。说到底，也许这和我上初中的时候没什么两样。

在一座远离皮拉罕的岛上

全世界不使用数学的文化群落寥寥无几。皮拉罕是一个极端的例子，因为他们的语言里连数词都没有，但在巴布亚新几内亚，有几个部落倒是拥有数词，但几乎不用。他们也完全不靠数学就活了下来。

洛博达人住在诺曼比，这座小岛位于巴布亚新几内亚那几座较大岛屿的东面。他们用身体的部位来数数：比如说，他们表示"6"的词语按照字面意思翻译过来就是，"一只手加上另一只手的一根手指"。但这用处不大，因为在那些我们会使用数字的场合，他们觉得没必要用。

比如说钱。我们用钱买东西。每样东西都有一个价钱，表达为数字的形式。洛博达人也有货币：包括硬币和纸币，可以兑换成欧元或英镑。他们经常组织派对，却没法把钱作为礼金交给主人。每次收到礼物以后，他们都只能回赠一模一样的礼物。如果来参加派对的邻居送了他们一篮山药，他们只能在以后的派对上回赠对方同样大的一篮山药。不能送钱或者其他价值相当的东西；回礼必须是同样多的山药。

对我们来说，"同样多"意味着山药的数量完全相等。但是，洛博达人从来不会数篮子里的山药到底有多少；他们只会大概估摸一下。他们会看篮子是满的还是半满的。只要篮子不是完全满的，你回赠得多点儿少点儿也没区别。

洛博达人在其他情况下也不用数字。说到年龄、长度或时间的时候，我们很快就会求助于数字：某人多少岁了，某样东西的长度是多少厘米或者多少英寸，某件事发生在多少分钟以前。当然，洛博达人也会谈论这些事情，但是，他们描述物体长度的时候，会用某件熟悉的东西作参照。一条链子可能和小臂一样长。这听起来像我们的英尺，但洛博达人没有测量单位。在他们看来，说某样东西有两英尺或者两个小臂那么长，简直毫无道理。如果这个东西比小臂还长，他们只需要拿另一样东西来作参照就好了。

描述年龄的时候，洛博达人会说，他和一个婴儿差不多大，或者和孩子差不多，以此类推。他们描述事件的方式也一样：比如说，做某件事花费的时间可能相当于从这个村庄前往旁边的岛屿所花费的时间。他们没有数字也活得很好。

约普诺人对此再赞同不过，这个部落也来自巴布亚新几内亚。他们的村庄坐落在马当省海拔约 2 000 米的山上。和洛博达人一样，他们用身体的部位来数数。虽然他们不是每次都这么数，但大体来说，他们数数的方式如下图所示。要表达一个数字，你可以说出对应的身体部位，或者用手指一指——如果你是个男人，这就很简单，但就像图上画的那样，有时候女人在使用这套计数系统时会遇到问题。

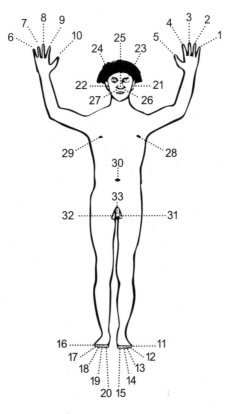

约诺普计数系统

　　约诺普人有时候也会用小棍来数数，每次摆出一根。因为他们住得没有那么偏远，所以大部分年轻一点儿的部落居民受过西式教育，可以用巴布亚皮钦语数数，这种语言类似英语。

　　因此，约诺普人有三种计数方式，但他们都不常用。他们给每样东西定了固定的价钱，但不是以多少枚硬币的形式。取而代之的是，他们会把自己的所有货物分成堆，每堆的价值正好相等，抛开烟草本身的价值，如果烟草堆比食物堆小，你也不能用它买一根香蕉。这样他们就省了找零的麻烦，也几乎不需要数数。

　　但有一个重要的例外：彩礼。约普诺人的彩礼主要是猪和钱，他们用两种方式一起数：有人负责用身体部位大声数出来，有人负责摆小棍。这是为了避免混乱，因为不是所有人都用同样的方式计数。比如说，如果他们直接从手数到耳朵，那么右耳代表12，而不是前面图中所写的22。一旦发生这种情况，小棍可以很好地提供参考。

　　由于约普诺人为了数清彩礼忍受了这么大的痛苦，所以研究者觉得可以用彩礼来教他们数学。他们问一位年长的部落居民："你需要19头猪来准备一份彩礼，但现在只有8头。你还需要多少头猪？"对方的答案出人意料："朋友，我可没有那么多钱来买个新老婆。我该上哪儿找8头猪？另外，我老了，也没力气了。"

不需要测量！

　　总而言之，这些部落不使用数字也活得挺好。但是，难道他们不需要用数字来测量吗？难道他们不需要对数字、长度和距离至少有一点点了解，以便于修建东西或者找路吗？显然不需要。皮拉罕、洛博达、约普诺和其他很多文化群落都能做到不使用数学，就完成所有这些任务。

　　巴布亚新几内亚有几个部落会制造独木舟。因为这个国家主要由岛屿组成，他们没有太多选择。这是——或者更确切地说，曾经是——从一座岛前往另一座岛唯一的交通方式。约普诺人不需要独木舟，因为他们生活在高山上，但海滨部落就需要不会在海上突然沉没的坚固船只。他们并没有那种带标准尺寸和树干厚度要求的蓝图。他们靠的是自己的经验，比着以前造的独木舟来造新船。

　　除经验以外，他们的确会做简单的测量：不是用卷尺或者码尺，而是用小臂，或者（在特罗布里恩群岛上）拇指和手掌。所以，特罗布里恩人量得更准一点，这也是因为这座岛很小，他们有很多时间待在海上。他们会很仔细地测量独木舟的尺寸，但从不会改变基本的形状。

　　比独木舟的尺寸和形状更重要的是木材的厚度。太薄的木材很容易损坏，但如果木材太厚，独木舟的载重量就会减少。但这并不意味着巴布亚新几内亚的部落会用很准确的方式测量木材的厚度。他们有的用自己的腿来粗略估计，有的则是靠"听"——使劲敲一敲，从声音判断木材够不够厚，能否确保独木舟的安全。他们往往要等到独木舟下水才知道它能承载多少重量。

　　陆地上需要建造的各种东西也一样，例如跨越水流或山谷的桥梁。你显然没法提前测试一座桥，或者光是看一眼就知道走过去是否安全。这些人最初到底是怎么发现桥要造成什么样才够结实的，这是个未解之谜。他们造桥的历史过于悠久，以至于谁也不记得自己的祖先最初是怎么掌握这一技术的。

　　生活在巴布亚新几内亚主岛中部的科瓦比人造桥的时候，完全没有进行任何准确的测量。他们先估计从这边到那边的距离，然后寻找看起来足够长的树干。承载树干重量的桥柱也用同样的办法寻找。旧金山的金门大桥就是用桥柱和线缆撑起来的，同样，科瓦比人的桥柱也会高高伸出桥面。接下来，他们需要足够长、足够粗的绳子，如此等等。靠着良好的估算能力和大量经验，科瓦比人在造桥时很少遇到什么困难。

　　巴布亚新几内亚的很多部落造房子的时候也是靠着估算和经验相结合，但具体的建造方式则五花八门，比如，有的部落造的房子是方形的，而有的部落只造圆房子。

　　生活在巴布亚新几内亚东部芬什港的凯特人修建长方形的房屋。他们从制作两根绳子开始——一根代表房子的长度，另一根代表宽度。搜集建筑材料的时候，他们用绳子来判断东西够不够。这节省了很大工作量——除了必需的木材，他们不想多砍树。

　　不是所有部落都是这么准确的建筑者。马当省的一个部落造房子的时候不用绳子，也不需要其他辅助测量工具。他们有一套标准流程：把9根或12根柱子排成一个长方形作为地基，所有柱子的间距大致相等，然后把房子盖在柱子上面，尺寸完全靠估。

　　卡威夫村的人也把房子盖在柱子上，但他们的房子是圆形的。入口是圆形地板边缘的一个圆洞，中间的空间留给火炉。他们用绳子量出这两个圈的大小。为了防风，入口的"门洞"应该尽可能地小。因此，他们会测量村子里最胖的人，只要他或她正好能钻进门洞，那就够了。所以，卡威夫村的人的确会用到测量，但程度相当有限。不会有人计算需要多少木头，或者房子的面积有多大。他们搜集建筑材料、完成实际修建，依然全凭直觉。绳子会告诉他们每样东西一定得有多大，但仅此而已。如此看来，你不用数学也能建造房屋、桥梁或者独木舟。

处理小数量

　　总会有各种各样的文化群落不怎么使用数学。就算他们有这个能力，就算他们有数字系统，他们也用不到。他们可以相当准确地估计长度和数量，这同样能节省大量时间和劳作。但这怎么可能呢？是什么让我们能在不使用数学的情况下完成贸易、提供足够的食物、修建桥梁，做成诸如此类的事情？最近几十年来，科学界找到了这个问题的答案：我们通过脑部的特定区域来处理数量。这就是为什么我们能估计长度、辨认出正方形，哪怕我们从没学过它们背后的数学。

　　使这一切成为可能的脑区可以明确地分为三个部分。其中一个部分负责处理小于4的数量。这意味着我们可以第一时间看出一个苹果和两个苹果有何不同；第二个部分用于处理更大的数量；第三个部分负责识别几何形状。所以，从没见过地图的人也能借助地图找出从A到B的路线。

我们每个人都能轻松处理小的数字，就连婴儿也不例外。我们生来就会区分1和2。当然，不是区分这两个数字，而是区分一件东西和两件东西。比如说，如果婴儿盯着一张只有一个点的纸看了一会儿，然后突然看到一张有两个点的纸，他们会很惊讶。这表明他们知道自己看到了不一样的东西。而科学家可以通过测量婴儿盯着这张纸看了多久来确认这一点。如果一直看同样的图案，婴儿很快就会厌倦，但要是换个图案，就能看得久一点。

这让研究者得以具体钻研婴儿对他们周围的世界有何期待。这带来了惊人的发现。比如，婴儿似乎会做加减法。如果你向一个婴儿展示两个洋娃娃，然后拿走一个，他会预期洋娃娃只剩下一个。接下来，如果你起初给他展示两个洋娃娃，然后拿走一个，但最终剩下的娃娃还有两个，婴儿会很惊讶。虽然婴儿没有学过任何有关数字的知识，但他们显然明白，2-1=1，不等于2！

当然，严格来说，这不是真的。我们现在知道，真正让婴儿感到惊讶的是，突然出现了一个他们没见过的娃娃。如果看到"1+1=1"，他们也会很惊讶，因为有一个娃娃在他们没注意的时候不见了。这是因为我们的大脑里有一个部分专门用来追踪自己周围的事物：它们是什么颜色的、有多大，诸如此类。我们专注于某样东西的时候，大脑就会记录这类信息。婴儿也会这样做，所以要是有什么东西突然消失了，或者突然出现在他们原本确定什么都没有的地方，就会立即引起他们的注意。

　　我们的大脑只能对寥寥几样东西保持这种程度的关注。对婴儿来说，这个上限是3：只要超过三样东西，他们就会陷入迷惑。在一个实验中，婴儿必须在两样东西里面选一样。他们的左边是一个盒子，里面装着一片饼干。他们看着饼干被放进了盒子，所以他们知道那里有片饼干。右边的盒子里有四片饼干，也同样是在他们的注意下放进去的。所以，他们会选哪个盒子？他们会爬向哪边？

　　奇怪的是，他们不是每次都会选择右边的盒子。你可能觉得既然婴儿能区分一片饼干和三片饼干，那他们自然也能区分一片饼干和四片饼干。而后者的区别更大，这个任务应该变得更简单了。但事实并非如此：如果右手边的盒子里有四片饼干，他们就不知道哪个盒子里的饼干最多，因此，他们做出的选择完全随机。大脑里能区分小数量的那个有用的区域因为过载，只能放弃。在孩子们生命最初的22个月里，是分不清1和4的。

　　到了22个月左右，突破性的进展来了，因为你的大脑突然能同时做四件事了。成年人或许也能做到，但就算是他们，也会觉得同时追踪四件物品有点困难。我们仍不清楚这到底是怎么回事，但它和语言有一定关系。如果孩子们说的语言有单数和复数的区别，那他们就能更快地学会区分1和4。比如，日本孩子在这件事上学得很慢，因为日语里没有单复数。不过，他们后来会赶上来，因为说荷兰语或德语这类语言的孩子需要花费更长的时间来学习大于10的数字。在德语里，24是"4和20"，而在日语和英语里，它是"20和4"，后者让孩子更容易理解数字如何越变越大。在法语里这件事甚至更难：90这个词被拆成了"4个20再加上10"。

所以，在我们学习数字的时候，语言很重要，但到头来，最重要的是区分只有一样东西和超过一样东西的能力。这很可能是孩子们学习"1"这个词有何含义的基础。在他们学会这个概念之前，孩子们不知道数字如何运作。他们可以数数——1，2，3，……——但要是你让他们给你一件玩具，他们会给你随机数量的玩具，无论你跟他们一起数多少次数。

我们就这样从生来就知道的事情开始学习。通过学习"1"的含义，我们也能学到"2"意味着"1和另一个1"。我们最终能学会这些事，全都得归功于大脑里负责处理小数量的区域——它方便得不可思议，尤其是在学习具体数字的时候。而在本章开头介绍的那些文化群落里，对于当地人而言，负责处理更大数量的脑区更重要。

我也不太清楚！脑和大数字

只要需要处理的事物数量超过三，另一个脑区就会发挥作用，它也是从我们出生起就开始运作的。婴儿能够第一时间看出4个点和8个点的区别。但是，这就是我们现在介绍的脑区和处理小数字的脑区不一样的地方——并不是所有比较大的数字都能得到这样的区分。比如说，婴儿不能看出4个点和6个点的区别，但他们的确知道，16个点比8个点多。这是因为，一旦点的数量超过三四个，我们就分不清它们到底有多少。我们可以看出某些东西的不同之处，却无法分辨另一些东西。如果一张纸上的点数量至少是另一张纸的两倍，刚出生的婴儿就能看出二者的区别。所以，他们看不出6比4多，但知道8比4多。这取决于两个数字之间的相对差。想想看：比起5和10来，看一眼就分清100和105要难得多。

随着年龄的增长，我们能看出来的差别越来越多。等他们长到几个月大的时候，婴儿就能区分4个点和6个点了，二者之间的差别只有1.5倍。大体说来，成年人甚至能看出13个点比12个点多。他们不是每次都对，但一般能说得清哪边点数更多。从另一个方面来说，如果完全不数的话，我们几乎不可能分清20和21。

所以，到头来还是数数更好使。不同于目测，数字是确切的。这就是为什么洛博达人不知道自己到底送了别人多少个山药。他们只能粗略目测山药的数量，除非别人送回来的山药少（或者多）了很多，他们才能一眼看出来。但一个山药的出入谁都不会注意。

因此，我们对较大数字的处置不同于小数字，即便是婴儿，有时候似乎也能处理大数量，虽然他们对数字一无所知。用洋娃娃测试婴儿对"2−1=2"作何反应的实验也能用来测试婴儿对"5+5=5"的反应。他们知道这不对，会表现出惊讶。与此同时，他们会觉得"5+5=10"完全正常。这是否意味着我们已经教会了他们数比较大的数字？

这个结论也来自2004年做这个实验的研究者；不过现在，我们对此也有了更深的了解。虽然婴儿会对"5+5=5"表现出惊讶，但他们觉得"5+5=9"和"5+5=10"一样正常，原因很简单：他们无法区分9和10。因此，他们只会在看到5个娃娃时感到吃惊，并觉得应该不止这么多。但他们不会预期正好看到10个娃娃，那需要经过计算。他们的期望远远没有这么准确：大于5，但不要多太多。很不幸，我们都得通过学习才能掌握加减法。

这一切到底如何实现？大脑到底做了什么才能让我们看出这样的区别？这些问题依然没有答案。在我说出自己的想法之前，我想解释一下我们的大脑里负责处理长度、时间等概念的区域。

我们没法确切目测事物的长度。当然，如果某件东西的长度差不多是另一件的两倍，我们一眼就看得出来。我能看出长方形桌子长边和短边的区别，但不能具体到厘米。我可以随便猜猜，但很可能错得离谱。时间也一样：做某件事需要多久，我心里大概有数。我知道10秒钟和5分钟的区别，也能分辨1小时和2小时。但我不会注意到1小时和1小时零1分的区别。

听起来耳熟吗？大概吧，因为我们处理长度和时间的方式类似于处理数量的方式。婴儿也是从生下来就能分辨不同的长度，他们甚至听得出两个声音之间的时间间隔是长是短——只要时间间隔的区别足够大。随着年龄的增长，我们分辨这些区别的能力越来越强，我们变得更擅长识别长度和时长。但如果完全不测量，我们就不知道它们到底有多长。科瓦比人修建每一座桥梁都得去试树干的长度是否合适。桥的跨度越大，他们出错的概率就越大，原因很简单：他们必须把树干横在河上才知道河流到底有多宽。

和那些既不数数也不测量的部落一样，我们都拥有估测能力。这种与生俱来的能力还会逐渐提升。其他物种也和我们一样，比如灵长类动物、老鼠和金鱼都能区分不同的数量和长度。几乎每个物种的大脑里都有一个处理这类事情的区域。这怎么可能呢？是什么让我们得以在完全不懂数学的情况下处理数量？其他动物又是如何实现这一点呢？

我的答案是，因为我们可以处理长度和时间信息，我们的大脑利用这些信息来告诉我们关于数量的一些事情。事实上，我们可以轻松地理解长度和其他看得见的现象，所以我们的大脑得以利用这种能力学习更多抽象的东西。我们可以看到长度、表面积，诸如此类，以此为基础，我们的大脑开始形成抽象思维，并想出了数量。

我为什么会这样想？部分原因是我们可以用各种花招迷惑自己的大脑。我们可以看到，负责处理长度之类概念的脑区是大脑掌握数量的基础，而关于长度的误导性信息也会影响我们对数字的估测。如果我们的大脑的确通过对长度、密度、时间之类的概念进行抽象化来学习数量，那么这正是我们应该期待的结果。

这方面最具说服力的例子是下面的示意图。请快速看一眼，但不要数，也不要思考太长时间，试着说说，哪个圆圈里的点最多。和我一样，你很可能会选最右边的圆圈。这个圆圈看起来更挤，所以它很可能包含了更多的点。但这个印象具有误导性：数一数你就会知道，每个圆圈里的点数量一样多。

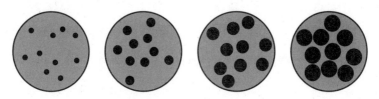

四个圆圈里的点数量一样多，但点越大，看起来就越多

我们的大脑会犯这种"错"，这清晰地表明了问题可能出在哪里，所以我们可以从中一窥大脑的工作机制。有时候它运作得不够理想。比如，如果我们必须要确定某个数是否比另一个数大或者小，那么这个数是否处于"正确"的一侧会影响我们的判断。我们的大脑期望较小的数位于左边，较大的数位于右边，如果这些数字的排列符合这个期望，我们就更可能给出正确的答案。如果有人问9是否比5大，如果9在5的右边，我们可能会答得更快。9在左边或者右边对思考时间的影响小得你自己都注意不到，但计时器可以捕捉到这一区别。当然，如果9是比较小的数字——9比15大吗？——它在左边的话你会更容易判断。

这也不是人人都适用：举个例子，对于说希伯来语的人而言，情况正好相反。因为希伯来语是从右往左读的，所以最小的数字放在右边更容易猜。而对那些能够流利地说两种语言的人来说，事情就更复杂了。如果有人既说希伯来语（从右往左）又说俄语（从左往右），这取决于他们最后阅读的是哪种语言。如果是希伯来语，那么较大数字在左边更简单；如果是俄语，大脑就更愿意看到较大的数字在右边。

换句话说，我们的大脑会把数字和自己看到的东西联系起来。一个数字的位置决定了大脑处理它的方式，这不光适用于具体的数字，比如9或者15，也同样适用于一堆点。此外，会这样做的动物不只我们人类。鸡也更愿意看到较大的数字以点的形式出现在右边。我们有足够的理由猜测，鸡估测数字的能力也来自它们对长度的掌握。

识别几何形状——连鸡都会

对于人们如何在不使用数学的情况下参与各种涉及数字的活动，例如贸易、修桥或者制造出海的独木舟，我们已经有了相当多的了解。但数学的另一个分支对人类社会也很重要：几何学。我们需要了解一些几何形状才能建造房屋：如果我们扩增房子的长度，这对它的占地面积有何影响；或者如果我们更改一个圆的半径，又会发生什么。幸运的是，我们同样生来就拥有足以完成这些任务的几何技能。

我们大脑里甚至有一个区域专门负责处理形状，特别是确保我们能找到要去的路。同样，不光人类拥有这种能力，其他动物，包括鸡在内，也能识别简单的形状并利用它们，比如找到藏起来的食物。这当然不是动物唯一的寻路方式：迁徙的鸟类靠太阳和星星导航，昆虫利用气味的痕迹回到它们的巢穴。无论从哪种意义上说，对形状的感知都不一定是必需的，但这种能力可以很有用——比如动物的巢穴位于一个圆的正中，或者一个长方形的某个角上。

研究者可以轻松复制这种情况，来测试动物和儿童识别几何形状的能力。他们把少量食物藏在一个有特定几何形状的地方，然后观察受试者去哪儿找它。研究者用鸡在一个长方形空间做了验证实验。一只鸡从长方形的中间开始，它必须找到藏在某个角上的食物奖品，研究者当着这只鸡的面把东西埋在一个角落。为了增大定位奖品的难度，鸡在开始寻找之前被快速转了几圈。这只鸡似乎知道，从中间看去，长方形的长边位于藏匿点的左边。被旋转以后，它只找了两个地方：左下角和右上角。其中一个点是正确的藏匿点，另一个是藏匿点的镜像位置。这是个完美的结果，因为这两个点不可能分得清：对这只失去了方向的鸡来说，它所找的这两个角都是长方形的长边在其左，除此以外二者完全相同。无论如何，实验的确表明，这只鸡识别并记住了"长边在左"的信息。

有时候这只鸡无法识别长方形。它没有发现自己是在一个长方形里，所以它四个角都找了。鸡虽然相当擅长识别形状，但有时候也会犯迷糊。

其他动物也能识别几何形状，限制条件大体相同。老鼠、鸽子、鱼和猕猴都展现出了识别不同形状的能力。而对于我们人类这个物种来说，儿童可以自发地处理形状。在长方形房间里寻找糖果的幼童只会找两个地方：正确藏匿点及其镜像位置。哪怕得到了额外的信息，他们也会继续这样做。比如，如果藏匿糖果的那面墙刷着不同的颜色，结果也没什么区别。他们要再长大一点才能学会利用这类信息。

现在问题来了：这些实验真的证明了儿童和动物能识别形状吗？他们是否知道什么是长方形？还是说，他们只知道，东西藏在左边挨着长墙的角落？进一步的研究表明，他们的确考虑了形状，而不仅仅是角和长度。

比如说，我在办公室里的时候，我的大脑会主动记录这间屋子的图像。我不光记得自己的办公桌放在一个左边挨着长墙的角落里，我还记得自己左后方有另一张办公桌，右边有一扇门，诸如此类。当然，我很熟悉这间屋子；说到底，我几乎每天都在这里工作。但只要我们走进一间新的屋子，我们的大脑就会给整个房间描绘一张虚拟图像。哪怕蒙上眼睛，你也能描述出大体的布局，说出比较醒目的物品。

你不记得的是自己在房间里的确切位置。想象一下，你被蒙上了眼睛，有人推着你快速地旋转，所以你不知道自己面朝哪边。当然，你现在就没法指出房间里的东西分别在哪里了。哪怕灯开着，蒙眼布薄得能透过一点光，你还是说不出东西都在哪里。但你依然能描述出房间的布局。你的脑海里有自己所在空间的虚拟图像，但你的大脑完全不可能告诉你自己的位置。

要描绘这幅虚拟图像，你必须拥有一些识别形状的能力：房间有几个角，每堵墙之间的关系，诸如此类。虽然这个例子中的对象是成年人，但有充分的证据表明，这同样适用于儿童和动物。甚至有证据表明，大脑里分别有不同的神经细胞负责处理方形、圆形等概念。

多亏了这些神经细胞，生活在无数学文化里的人们才能处理几何形状。和皮拉罕人一样，蒙杜鲁库人——他们生活在亚马孙雨林的各个区域——也不用数学，全靠与生俱来的技能生存。蒙杜鲁库人参与了形状实验。一位部落居民得到了一张纸，上面有六个几何图形，其中一个和别的不同：比如它由五条直线和一条曲线组成。问题是，没有接受过数学训练的人能否识别二者的不同，就像我们前面观察婴儿能否看出一片饼干和四片饼干的区别一样。有时候受试者能轻松发现区别——直线和曲线的不同。另一些情况下，他们会觉得更难判断，例如一个点是位于一条线的中间还是别的什么地方。

虽然他们不是每次都能说对，但这些人不需要额外上课就能理解形状和距离。他们对这些概念的理解足以让他们在无指引的情况下阅读地图，至少能读只有一小片区域的简单地图。在一次实验中，一位蒙杜鲁库女性需要按照一幅简单的地图走到一片地里的一个圆柱体旁边。这是一个包含了三个几何形状的长方形，其中一个的颜色不同于其他两个。看了地图以后，这位女性走向了地里有颜色的圆柱体。这表明她理解了地图代表这片地。她还在不借助颜色的情况下成功地完成了这项实验。

这种阅读地图的能力有其局限性：有的形状更难识别，如果目标形状没有用不同的颜色标出，实验对象就更难找对地方。此外，和这些实验中使用的地图相比，我们使用的道路地图稍微抽象一点，看起来没那么像它们所代表的区域。不过——这正是我们现在考虑的重点——这些实验的确表明，我们不需要经过数学训练，也能理解几何形状和数字。

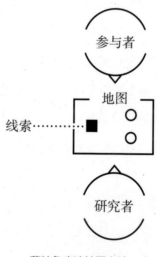

蒙杜鲁库读地图实验

数学额外带来了什么吗？

很多文化群落没有数字和几何也生活得很好。这是因为我们生来就知道如何处理数量、距离和形状。我们的头脑被设计成这样，因而我们不需要数学，也大概知道篮子里有多少山药，一条河有多宽，以及修建一幢房子需要多少木材。

但是，我们绝对不能把这些与生俱来的天赋和数学技能混为一谈。数学是我们必须通过学习才能掌握的东西。婴儿不知道数字和几何为何物，他们能识别形状，但无法思考或者分析它们——这是数学家要做的事，仅仅能识别某个形状不等于会做数学。

那我们为什么要费神研究数学？情况越来越明朗：诚然，我们不需要它也能活下去，我们甚至可以不学任何与数学有关的东西也过得很开心。但是，从美索不达米亚到埃及，从希腊到中国，世界各地的人们都觉得有必要深入数学的世界。它额外带来了一些非常重要的东西，一些我们不可或缺的东西。在下一章中，我们将更具体地探究，这些东西到底是什么。

第四章

数学推动文明

　　乌玛附近的一位工头写了一份年度报告，这座如今已成废墟的城市位于现在的伊拉克东南部。那是公元前2034年，舒辛王（King Shu-Sin）统治着那一整片区域。这位工头有个大麻烦。每年国家都会规定他的工人应该干多少天的活儿，但他每年都完不成任务。年复一年，他累计欠了6 760个工作日，到了这一年，部分因为他自己的计算错误，欠下的工作日进一步增加到了7 421天。

　　在那个年代，工作日被视为属于国家的货物。在舒辛王看来，谷物之类的粮食生产得不够多，全都怪这位工头。等到这位工头去世，他的房子、财产和家人都会被卖掉，以清偿他欠国家的债务。

　　无论是对工头还是对他手下的工人来说，当时的生活都很严酷。女人每六天只能休一天假，而男人干十天活儿才能休息一天。没有退休制度，老人也得继续工作，很可能要干到去世。舒辛王如何维持这套系统的运转？答案是记账。工头的年度报告详尽合理，就像现代公司做的报告那样。舒辛王利用一套有借有贷的复式记账系统来管理自己的国家，记账凭证包括收据、凭单和借据。舒辛的账簿如此全面，在他死后，直到3500年后的公元1500年左右，才有类似的东西在欧洲出现。甚至在更久以后，才有国家决定建立与之类似的中央计划经济体系。

这一整套系统着实令人震惊。国家所需的工作日多得离谱，基本上所有工头都身负债务。这套系统唯一的好处是，它留下了海量泥板，等待我们去发现。那些收据、清单和年度报告被保存了下来，所以我们才会对乌玛的这位工头有这么多了解。他在公元前2034年撰写的年度报告被发掘，虽然上面点缀着一些灰色的污渍，但完全可以解读出来。

这份报告还让我们看到了数字有什么用处：记账。如果你能用具体的数目来表达，那么计划、追踪工作日就变得容易多了。数学让我们得以够更轻松地管理大量人口，所以直到人们开始大量聚居在城市以后，数学才开始发展。

泥板上的数学

狩猎者和采集者在美索不达米亚（在今伊拉克境内）生活的年代比舒辛王还要早得多。早在公元前8000年，他们就在那里建立了最早的村落，并开始种植谷物、蔬菜和水果。这是个巨大的成功：两条大河和一套巧妙的灌溉系统，他们得以养活越来越多的人。一座座城市拔地而起，想赚大钱的商人们在城市间往返，为这些城市建立了联系。对某种形式的中央政权的需求变得越来越迫切。生活在部落里的人们觉得维持法律和秩序不是什么难事，因为人人都互相认识，可一旦城市规模发展过大，就不可同日而语了。

政府以城邦的形式发展起来，并开始征税。起初进展并不顺利，因为他们还没有数字可以使用。这就像洛博达人和他们的礼物。国家收的税并不是每次都一样；它只是猜测自己需要什么。所以，你无从得知自己交完税以后还能剩下多少东西，也没法验证每年的税率是否相同。更复杂的是，几乎没有什么词语能用来告诉人们，他们得交多少税。像"一篮"这种简单的描述已经暗含了一个数字：1。在没有数字的情况下讨论数量实在是件难事，但政府想出了一个解决方案。

这一切从食物库存开始。在美索不达米亚的苏萨城和乌鲁克城，随着城市的扩张，储存食物的仓库变得越来越大。为了记录仓库里到底有多少食物，商人们开始使用尺寸相同、做有标记的陶制小代币。每一枚代币代表一定量的食物，比如说一篮谷物，或者一只羊。这意味着你再也不需要挨个儿清点仓库里所有的篮子或者羊，只要看看有多少代币就行。

代币的应用范围不断扩大。苏萨的收税员在告诉市民要交几篮谷物的时候又遇上了麻烦，因为他们还没有数词。所以他们把代币装进泥筒，然后密封起来。每一枚代币代表一个篮子，万事大吉，不需要数数。大约在公元前4000年，苏萨人已经开始用代币来管理给神庙的供奉和收税，不过当然，收完税以后他们也不知道自己收到了多少，因为当时还没有能帮助他们完成这项任务的数词。

乌鲁克的统治者又向前迈了一步。和苏萨人一样，他们开始用泥筒里的代币来告诉人们自己送去了多少货物，或者对方要送回来多少货物。泥筒也能很好地确保不会有东西在路上被偷。但他们发现，装满陶块的泥筒有点儿累赘。我们不知道确切的时间和缘由，但在某一天，有人想到了一个主意：把代币刻在泥筒外面。擦掉这些记号并不容易，所以，把代币画在泥筒外面和把它装在里面一样安全。这些记号慢慢演化成了数字。人们忘了它们原本的含义，开始越来越多地把它们看成代表一篮谷物、一只羊之类实物的符号。这是最早的书面文字，比其他文字早得多：又过了700年，完整的句子才开始出现在泥板上。

最早的数字就是这样在美索不达米亚演化出来的。代币被画在泥筒外面，后来泥筒又被换成了平坦的泥板。这些符号的使用日渐普及，由于反复描绘同样的符号劳神费力，人们又设计了新的符号来代表重复的数字。数字就这样出现了：如果你用同样的符号来数羊和谷物，那你用的就是数字。这一切都是因为苏萨和乌鲁克这样的城市发展得太快，当局需要一种便利的方式来收税。

最早的数字看起来像是一堆圆锥和圆圈。这是因为他们用来在泥板上写字的笔两头不一样：头尖尾圆。他们把笔尾按在泥板上，就会印出一个圆圈，而笔尖会戳出一个圆锥。这些数字符号从右边开始，是一个类似圆锥的小图形，它代表1。小圆锥不断重复，直到一行排出9个。10用另一个符号表示，它是一个小圆圈。

美索不达米亚最早的数字

美索不达米亚人不会像我们一样继续数一系列的10。这个小圆圈在重复6次以后，比如说数到59以后，会被一个更大的代表60的圆锥取代。然后代表10和6的符号交替出现，一直数到36 000。要是有什么东西比这还大，那就麻烦了，但也没关系：那年头谁的仓库里会有36 000篮谷物呢？

𒐕	1	𒐖	2	𒐗	3	𒐘	4
𒐙	5	𒐚	6	𒐛	7	𒐜	8
𒐝	9	𒌋	10	𒌍	20	𒌍	30
𒐏	40	𒐐	50	𒁹	60	𒐕	70
𒐖	80	𒐗	90	𒁹	100	𒁹	200
𒁹	300	𒁹	400	𒁹	500	𒁹	600
𒁹	700	𒁹	800	𒁹	900	𒌋	1 000

楔形文字里的六十进制（以60为循环单位）数字系统

后来，等到美索不达米亚人发展出更复杂的文字，他们也换了一套数字符号，以便记录更大的数量。这些数字如上图所示。今天，这种文字被称为"楔形文字"，意思是"形状像楔子"，这正是这些符号的特征。他们甚至可以用这种方法书写分数——这一切都是为了维持经济运转。

乌鲁克和苏萨这样的城邦不仅利用数字征税，还用数字管理食物供给。他们会跟踪记录仓库里有多少谷物和其他食物，地里没收获的又有多少，这些食物是否足以养活全部人口。他们会估算制作足够所有人吃的面包需要消耗多少粮食，粮食要是不够就多种点儿。这也需要计划：食物过剩几乎和食物短缺一样糟糕，因为食物在仓库里存放太久会坏掉。

美索不达米亚最出色的书记员是记账的人，还有负责制订所有计划的神庙祭司。书记员不光要学习写作，还要学习计数和测量：除了记账以外，他们还能测量一片土地的面积。他们也会为商人拟定契约，还有人能算出一项建筑工程需要安排多少工人。数学被用来规划越来越多的活动，人们使用几何图形设计建筑物。书记员变成了建筑师，最后成为舒辛王的工头。

美索不达米亚的课业

当然，要完成这些任务，书记员需要接受训练，幸好我们发掘出了公元前1740年的一所学校，他们如何完成学习，当时他们认为什么比较重要，我们对此有了相当多的了解。他们学的不光是基本的心算或者划分地块，课程中还有大量应用数学解决日常问题的内容。这正是书记员学习的目标，而且从这所学校里发掘出来的一份讽刺段子表明，不知道该如何在实践中应用数学的人会遭到嘲笑。

这个段子记录了一位年轻的书记员和另一位更有经验的年长同事之间的对话。长者抱怨说教学的标准严重降低了，如今的年轻人什么都不会干，连把一块地分成两块都做不到。年轻的书记员表示反对，并坚称自己当然能把一块地分成两块。他让长者随便带自己去个地方，他会证明自己干得有多棒。长者笑着解释，他并不是说直接用绳子把土地分成两块，而是计算——这才是拟定契约所需的技能。而这位愚蠢的年轻人显然做不到。

数学旨在实际应用，但在很长一段时间里，学校并没有明确教授算出来的数和现实有什么联系。这所学校位于美索不达米亚中部另一座名叫尼普尔的城市，它的很大一部分教学内容是让学生反复给一行又一行的数字求和。如果你模仿老师的次数足够多，最终你自己就学会该怎么做了。这适用于数学和其他任何一门学科。

当然，尼普尔的学生首先要学习读和写，特别是重复书写一系列词语，直到把它们记在心底。学会了代表地点、肉的种类、重量、长度等词语以后，他们才开始学习数学，这也意味着要记住乘法表，以及其他关于算术和几何的诸多事实列表。除此之外，他们还会熟记几种标准契约的写法，具体的学习方法是——你猜对了——反复写很多很多遍。但不是所有东西都需要重复。有时候学生拿到的是基于现实情况的数学应用题。

一堵墙。宽［2cubits］，长 $2\frac{1}{2}$ nindan，高 $1\frac{1}{2}$ nindan。［这堵墙里有多少块砖？］

一堵墙。长 $2\frac{1}{2}$ nindan，高 $1\frac{1}{2}$ nindan，砖块45sar_b。这堵墙有多厚？

一幢房子的表面积是5sar_a。要把墙的高度修到 $2\frac{1}{2}$ nindan，我需要多少砖块？

这些问题合情合理，但有时候他们也会拿到很多莫名其妙的应用题，比如说：

一堵墙。高11nindan，砖块45sar_b。这堵墙的长度比宽度多2.20（十进制的 140 ）nindan。这堵墙的长和宽分别是多少？

［一堵用］烤制过［的砖块砌的墙］。墙的高度是 1nindan，砖块 9sar$_b$。［这堵墙］的长度和厚度之和是 2.10（十进制的 130 ）。这堵墙的长度和厚度分别是多少？

［一堵用烤制过的砖块砌的墙］。我摆出 9sar$_b$ 的［烤制过的］砖块。这堵墙［长度比厚度多］1.50（十进制的 110 ）。高 1nindan。这堵墙的长度和厚度［分别是多少］？

想想第一个和第三个问题：你有一堵墙，你准确地知道它的长度比宽度或者厚度多多少。但你是怎么知道的呢？显然不是通过测量，否则你就已经知道答案了。但要是不测量，你知道的信息又来自哪里？这些问题听起来都有点儿牵强。第二个问题更没头没脑：既然你不知道这堵墙的长度和厚度，那你怎么知道它长度和厚度之和是多少？又是一个你在现实中从来不会遇到的问题。

不过，这些莫名其妙的数学应用题之所以会出现，不是为了证明数学能在日常生活中发挥多大的作用。它们的目标很可能是测试那些书记员学徒的数学水平。唯一的劣势是，这些更复杂的数学失去了实用价值。在帮助学生提升数学技巧的过程中，学校逐渐背离了在实践中运用数学的初衷。这些计算和管理城邦毫无关系。

不过，学习这种数学也没那么离谱。说到底，你也不知道它会不会在什么时候搞出什么有用的东西。如下图所示，一根棍子靠在一堵墙上。假设这根棍子长 5 米（ c ），它靠在墙上的位置离地有 4 米（ b ），这根棍子落地的位置离墙有多远（a）?

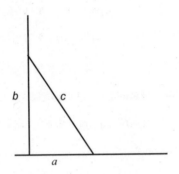

毕达哥拉斯定理（勾股定理），早已在美索不达米亚文明中出现

如果你还记得一点儿三角形知识，那你肯定知道答案。棍子和墙组成了一个直角三角形，这意味着三条边的长度关系满足勾股定理：$a^2+b^2=c^2$。因为我们知道，b长4米，c长5米，所以我们可以算出（从墙脚到棍子的）距离：$a^2+4^2=5^2 \rightarrow a^2=5^2-4^2 \rightarrow a^2=9 \rightarrow a=3$（米）。

令人震惊的是，早在毕达哥拉斯之前1 500年，美索不达米亚人就知道这个定理。你可能不会用他的定理来计算一根靠在墙上的棍子——直接测量棍子的长度会更简单。但如果你想确保它构成的三角形是直角，勾股定理非常有用。如果所构成的三角形三边长度符合$a^2+b^2=c^2$，那你就得到了一个直角。

美索不达米亚人的数学十分先进。公元前1800年左右，他们已经可以解决一系列难题，比古希腊人早得多。比如说，他们可以解开这个方程：$x^2+4x=\dfrac{41}{60}+\dfrac{40}{3600}$（其中一个解是$x=\dfrac{1}{6}$）。只要你别生活在舒辛王的时代就行，这位统治者担心数学会鼓励人们独立思考，所以他禁止自己治下的学校教授复杂的数学课程，于是孩子们有充足的时间被洗脑成忠诚的子民。

回到我在上一章提出的问题：人们最初为什么会开始使用数学？在美索不达米亚，人们需要应用数学来管理城邦。数学让人们能够更轻松地收税、规划食物供给、修建房屋。人口那么多，要在没有数学的情况下完成这些任务，非常困难。但并不是所有数学都有用。解答没有实用价值的数学应用题是一种地位的象征，可以向其他人展示你有多聪明。就连舒辛王也会做应用题：他不允许自己的子民拥有任何知识，但他自己却拥有一切知识。

埃及的面包、啤酒和数字

古埃及有两个人正在考虑他们应该选择什么职业。一个人说他想当农民，但另一个人说："别啊！去当书记员，这是个糊口的好路子。农民必须整天辛勤工作，犁地，收获，维护灌溉系统，诸如此类。书记员只需要坐在某个暖暖和和的地方写东西。""好吧。"第一个人说，"当农民是个坏主意。建筑工怎么样？"

后面的内容你应该能猜到。在这个讽刺段子里，各种各样的工作被拿出来比较，每次比较中干活最少的都是书记员。这个故事的主题十分清晰："书记员负责计算每个人要交的税。你肯定不会把他忘掉。"时至今日，这种工作阶层的区别没那么明显了，但我们的税务工作依然需要用到数学。

古埃及和美索不达米亚十分相似。那里的数学家——书记员——在征税中也扮演着重要的角色。但有一个很大的区别：我们对古埃及的了解要少得多。在美索不达米亚，人人都把东西记在泥板上，然后被我们几乎原封不动地发掘出来。但古埃及人写字用的是莎草纸，其腐烂的速度要快得多。除此以外，直到今天，古埃及人生活过的地方仍是城市，譬如开罗和亚历山大港，所以我们想发掘埋藏在这些城市下面的历史遗迹要更加困难。这也是为什么古埃及留下的和数学有关的文档只有6份，而且全都来自中王国时期（前2055年—前1650年）。我们对埃及古王国时期（前2686—前2160年）——吉萨大金字塔就是那时候修建的——和埃及新王国时期（前1550年—前1069年）的了解要少得多。

可是，古埃及人不是会把象形文字刻在更容易保存的石头上吗？没错，但刻在石头上的都是关于国王和神的故事。他们的行政管理文档是用一种完全不同的书写方式记录的，人们称之为"僧侣体"，这里面也包含了数字。

这些数字最早出现在公元前3200年左右的书面文档里，和美索不达米亚最早的泥板出现的年代大体相同。埃及最早的文档也是行政类的：人、地点和神的名单，标有数量。有的文档甚至记录了尼罗河的水位，这可能是为了帮助计算税金。所以，数字在埃及最早的用途也是收税，以及每年两次盘点食物库存。

古埃及僧侣体文字里的数字

如上图所示，古埃及的数字系统看起来跟我们的有点儿像，9后面出现了新的符号，99后面又出现了另一个新符号，以此类推。唯一的区别在于，他们没有代表零（0）的符号：这要再晚些时候才会在印度出现。

古埃及人也有表示分数的符号，也就是在数字上面加一个点。例如，2上面加一个点就成了 $\frac{1}{2}$。今天，为了便于阅读，我们会在数字上加一条短横，即 $\overline{2}$。

对古埃及人来说，分数是整数的反面（$\frac{1}{2}$ 是2的反面）。但 $\frac{5}{7}$ 这样的分数却不是7或者其他任何整数的反面。不过这样的分数的确会出现，哪怕只出现在行政记录里。他们需要一种更巧妙的方法来处理这些比较复杂的分数，所以他们想了个办法，把这种分数写成分子为1的分数之和：比如说，$\frac{3}{4}$ 可以写作 $\frac{1}{2}+\frac{1}{4}$，或者 $\overline{2}\ \overline{4}$。就连 $\frac{5}{7}$ 也能写成这种形式：$\frac{1}{2}+\frac{1}{7}+\frac{1}{14}$，或者 $\overline{2\ 7\ 14}$。你可以换个分数自己试试，看看这有多难。所以古埃及人把最重要的分数记在心里。

　　他们在记录中经常用到这些分数,尤其是盘点面包和啤酒库存的时候,这是古埃及经济的核心产品。当时还没有真正的货币。古埃及人大约在公元前390年开始使用硬币,那时候他们开始征召古希腊人入伍:古希腊士兵拒绝接受面包和啤酒作为军饷,他们要求以希腊银币的形式发放薪水。古埃及人这才开始使用这种硬币,然后发现钱真的很有用。

　　在古希腊人到来之前,古埃及人不用货币,经济也顺利运转了几千年。他们没用货币就修建起了金字塔,不过金字塔由大量奴隶修建的故事只是传说:实际上金字塔是由正常发薪的工人修建起来的。令人惊讶的是,他们的薪水只是面包和啤酒,有时候这些食物的数量还会以分数来表示。根据我们找到的完整工资单,就连祭司的薪水也是以这种形式发放的,比如某人一天的薪水是 $2\overline{\overline{3}}10$ ($2\frac{23}{30}$,只有3可以突破分子必须为1的规则, $\frac{2}{3}$ 可以用3上面加两条短线来表示)桶啤酒。这些啤酒他们不会全部自己喝掉,而是把剩下的拿去交换其他货物。

　　古埃及人的经济就是这样运转的。如果你需要一张床,你就用其他货物去交换你喜欢的床。你甚至可以通过以物易物的形式买下一幢房子。但埃及的易物交易不像皮拉罕人那么随意,因为埃及人会计数。货物有稳定的价格,如果是房子或者牛这样的大宗交易,他们会去找书记员帮忙评估。书记员会撰写一份交易契约,以免任何一方事后抱怨。所以,书记员经常要跟面包和啤酒打交道:工资单和契约上全是这些东西。

　　军队也需要食物,所以专门有一位书记员负责确保军需充足。在中王国时期的一份文档里,一位书记员描述了自己的某位同事在哪些情况下会犯错,借此嘲弄对方的事情。例如,这位同事估算了一支5 000人的军队长途行军中所需要的食物，按照他的计算结果，他们必须携带300条面包和1 800头山羊。

行军的第一天，这支军队抵达了营地，书记员在这里为他们准备好了所有补给。他骄傲地给士兵们展示了他准备的东西，他们立即开始进食，想为第二天的长时间行军储备大量能量。不料一个小时以后，他们就吃光了所有食物。于是他们去找书记员，大声抱怨："食物都没了！这怎么可能，你这个蠢货？"书记员无言以对，只能辞职。

书记员就像经理，因为拥有计数的独特技能，所以他们负责管理薪水、税收和口粮配给。他们还会在尼罗河泛滥前后计算土地的面积，好给农民发放失地补偿。他们甚至会计算一个人做一双鞋需要花费多少时间，以便尽可能精确地协调皮料的供应。

在对数学的所有实际应用中，最令人瞩目的是，古埃及人利用数学修建了金字塔。要修建一座金字塔，你需要知道控制什么样的角度来施工才能确保塔顶是尖的。由于你只能从塔基开始修建，所以这个无法预估。但你可以计算——古埃及人正是这样做的。

要完成这个任务，你需要知道特定的细节：金字塔的长和宽分别是多少，它修成以后有多高。如果四条边都不是建立在相同的角度，它们就无法在塔顶交会成尖角。所以这个角度非常重要，它决定了金字塔的高度和外观。不过，古埃及人处理角度的方式和我们不一样。他们不会使用"度"这种单位，他们有自己的方法。

通过观察金字塔的侧边向上延伸时产生的位移，你可以轻松测量它的角度。这叫高（垂直位移）宽（水平位移）比。下页的示意图展示了这种方法背后的原理。如果侧边与地面的夹角是90°，那么金字塔会笔直地拔地而起，水平位移为零。角度越小，水平位移越大。夹角为45°时，高和宽相等。换句话说，金字塔侧边的垂直位移等于水平位移。

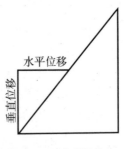

测量一座金字塔的角度

　　总而言之，古埃及人在很多地方都会用到数学。虽然我们对此所知甚少，因为他们做记录所用的书写材料寿命太短，但留下来的这些莎草纸仍足以让我们看到，他们的确会使用美索不达米亚人所运用过的数学方法。数学家的作用很重要，他们主要担任记录员的工作。古埃及有一套巧妙的税务系统，它虑及尼罗河的泛滥，也提供了大宗货物买卖的标准契约。后来，大约在公元前300年，古埃及人接受了从美索不达米亚传来的更复杂的数学，但在此之前，他们使用的数学技巧都是自己想出来的。他们是人类"简单地"应用复杂数学的另一个例子。

一向讲理论的希腊人

在古代，没有哪个地方的人能比希腊人更懂数学，所以古希腊才会有那么多声名卓著的数学家，其中最著名的是毕达哥拉斯、欧几里得和阿基米德。令人惊讶的是，我们其实不太了解古希腊人是如何运用数学的。古希腊的确有相关故事和文本流传至今，但它们都是理论性的。比如欧几里得以他那本讲述几何理论的书著称，书里记载着各种各样的定义和证明，例如"线没有宽度，只有长度"。其理论是抽象的，与柏拉图一脉相承，却没有告诉我们如何在实践中使用数学。其他理论性的著作也都一样：它们几乎没有提及古希腊人如何在实践中使用数学，为什么开始研究数学，以及他们是出于什么原因写下了所有这些抽象的理论。

这并不是说，古希腊人不会应用他们的理论。一个令人印象深刻的例子是萨摩斯岛上的尤帕里诺斯隧道。1 200多年来，这条隧道——长度超过1 000米，宽不到2米——每秒向这座岛的首府输送5升淡水。古希腊人不光在公元前550年挖通了这条隧道，更惊人的是，他们是从两头同时开挖的。无论如何，他们成功地将隧道在中间连通了。只要误差几米，两支挖掘队就会在地下擦肩而过。

我们不知道他们具体是如何完成这个任务的，因为希腊人显然觉得这不值得详细解释——他们不像罗马人，后者觉得这类数学应用非常有趣。古希腊人可能利用了直线和直角三角形进行了反复的测量，借此调整挖掘的方向。挖到中间，隧道的两部分已经很接近的时候，他们能听到对方砸锤头的声音，于是循声打通了最后的几米。通过不断地测量，再发挥聪明才智，他们成功地挖通了一条超过 1 000 米长的隧道。他们的工作完成得这么漂亮，直到今天我们还可以去参观它。要是有必要的话，它甚至可以作为引水渠再次投入使用。

要弄清古希腊人如何在实践中应用他们的理论知识，这并不容易。尽管他们的理论十分先进，但其中大部分没有留下实物佐证。以毕达哥拉斯为名的定理可能并不是他本人提出的——美索不达米亚人在很久以前就知道了这条定理——但他第一个证明了这条定理，而且他使用的方法和现代数学家证明自己的理论时别无二致。巧妙、严密的数学推理证明了他们的命题毫无破绽，而希腊人正是以此著称。欧几里得的书里充满了这样的证明，毕达哥拉斯证明了自己的定理，阿基米德也证明了许多定理——但阿基米德更为人称颂的是其他的一些成就。

作为一位物理学家，传说阿基米德在洗澡时发现了他那条著名的流体静力学原理。按照传说，当时他太激动了，连衣服都没穿就跑出去向国王汇报。显然，阿基米德还擅长设计战争机器，许多年来，罗马人都不敢攻击他的家乡叙拉古城，阿基米德的威名足以吓退他们。在这座城市终于陷落那天，罗马士兵被派去阿基米德家里抓他。阿基米德正忙着钻研某个数学问题，他对士兵说："别破坏我的圆！"士兵杀害了他，这让他们的上级颇为不悦。这一切是真是假，我们永远无从得知。关于古希腊数学家的奇怪故事还有很多。传说毕达哥拉斯把一个门徒丢到海里淹死，就因为对方证明了不是每个数都能写成分数，他不想泄露这个秘密。

抛开故事不谈，我们知道阿基米德是一位天才数学家，尤其擅长研究体积和表面积。他的墓碑上刻着一个球体和一个圆柱体的平面图形，以纪念这个最著名的数学发现：他是第一个证明了球体、圆柱体和圆锥体的体积有何关系的人。对古希腊人来说，计算几何体的体积是件难事，因为他们没有公式可以套用。此外，还有一个特别难的问题，那就是找到一个面积与圆相等的正方形。时至今日，人们仍用"化圆为方"这句俗语来形容不可能完成的任务，可见这道题有多难。

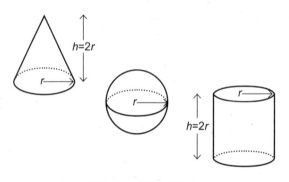

圆锥体、球体和圆柱体

　　阿基米德证明了一个圆柱体比半径相同的球体或圆锥体大多少。如图所示，这三个几何体的半径用线段 r 表示。圆锥体和圆柱体的高度（h）是半径的 2 倍（$2r$），因此它们的高度等于球体的直径。如果你从圆柱体上削掉适当的一部分，就会得到圆锥体；采用类似的方法，球体也能妥妥当当地放进这个圆柱体里面。综上，也就有足够的理由推测，三者的体积有关：球体的体积是圆柱体的 $\frac{2}{3}$。所以要知道球体的体积，只要从圆柱体体积上减掉 $\frac{1}{3}$。圆锥体的体积甚至更小——圆柱体的 $\frac{1}{3}$——所以要得到这个圆锥体，你需要把圆柱体削掉 $\frac{2}{3}$。接下来可以合理地推出，球体的体积是圆锥体的 2 倍。

　　我们是怎么从三个图形推出上述结论的？你瞥一眼肯定看不出球体的体积是圆锥体的两倍。所以，阿基米德才会为自己证明了这件事深感自豪，以至于把这些图形刻在了自己的墓碑上。今天，我们很容易证明球体的大小是圆锥体的两倍，下一章我们再展开讲。

　　我们之所以知道这一点，这得归功于后来数学的发展，包括 π 的发现。π 是一个很特别的数字，可以用来计算很多东西，包括圆的面积和球的体积。如果你像阿基米德一样，对圆形物体的体积感兴趣，它就很有用了。但古希腊人不知道 π。他们已经确定了必然存在这样一个数，但不知道它具体是多少。说到这里，最激动人心的发现还是来自阿基米德。借助一系列我们仍未完全知晓的计算，包括从六边形推到九十六边形，他得出结论，π 的大小必然介于 $3\frac{10}{71}$ 和 $3\frac{1}{7}$ 之间，也就是 3.140 8 和 3.142 8 之间。这个结果差强人意，因为后面人们算出，π 的值是 3.141 5…然后无限延展下去。

　　古希腊人在这方面并没有前进多少。他们的理论十分巧妙，但有很多局限：他们只会使用整数和比数。比数实际上就是分数：$\frac{2}{3}$ 是 2 和 3 之比。但他们不会写成 $\frac{2}{3}$，而是以一种更复杂的方式书写。他们也没有公式。他们做出的所有证明，包括阿基米德对体积的那些证明在内，都基于形状和图形。幸运的是，我们现在可以用简单得多的方法解决这类问题，但我们之所以能掌握这些方法，还是得感谢古希腊人，感谢他们对数学定理的应用。毕达哥拉斯、欧几里得、阿基米德和其他诸多学者推动了数学的进步。

讲究实践的中国数学

刚才介绍的这些古文化看起来都很相似。美索不达米亚和埃及很早就开始使用数字，事实上，数字出现得如此之早，以至于它们很可能是最早的书面文字。在这两个地方和希腊，数学家享受着崇高的地位，而且主要致力于解决实际问题，只不过用的是普适性的方法。

中国的情况就很不一样了，个中区别从一开始就已显露端倪。在中国，占卜非常重要，中国最早的文字就是刻在占卜者使用的骨头上的符号。大约在公元前1000年，中国古人会利用计算来编制历法、满足行政管理需求。

他们用两套数字系统来完成这些任务。他们有数词，这在正常的口语中十分常见。当时的数词——现在仍是——形式很简单。代表"354"的词读法和写法一样，就是"三百五十四"，这和英语或法语里书写数字的方法一样，比德语或荷兰语简单，后面这两种语言中4和50的顺序是颠倒的。第二种书写数字的方法更具革命性。最开始他们用的是竹棍（算筹），但后来这些棍子被线段符号取代了。要表示从1到9的数字，这些棍子会以特定的方式排列，然后这些形状重复出现在更高的数位上，就像从1到9的数字本身重复出现一样。

中国古代从1到9的数字，横式和纵式

基于竹棍的数字符号系统甚至有两种。如上页图所示，上排的符号是水平书写（横式）的，下排是垂直书写（纵式）的。中国人用这两种符号系统来表达0。在美索不达米亚和埃及，当地人没法区分有0和没有0的数字（例如506和56）。他们写不出0，当然也无法表明一个数字里有没有10。在人类文明史上，靠着这两种符号系统，中国人第一次把0表达了出来。下面的示意图展示了他们如何书写"60 390"这个数：

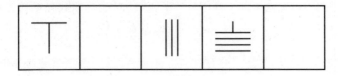

按中国古代符号系统书写的数字"60 390"

书写数字的时候，他们同时采用两套符号。在图中，你可以看到3是用垂直的符号书写的，9则是水平符号。这意味着这两个数之间没有0。而6和3都是垂直的符号，这意味着它们之间有一个0。他们没有把0写出来，因为他们还没有代表0的符号。两个相邻的垂直（或水平）符号意味着它们之间有0。不幸的是，由于没有代表0的符号，他们仍无法表明这两个相邻的数之间有几个0（示意图中的格子让我们清晰地看到相邻数之间的0只有一个）。无论如何，中国的计数系统是一大突破，因为这标志着人类第一次用不超过20个符号就能写下任何数字。

除了巧妙的计数系统，中国人还拥有各种计算方法。他们的乘法速算法我们沿用至今。要计算81×81，他们首先把这两个数用棍子摆出来，然后一步步往上加：先算80×80，然后80×1，以此类推。要解决更难的问题，他们也有办法，这些都被收录在一本名叫《九章算术》的中国数学著作和其历代评注里。这本书各章的标题能让你很好地看到，中国人在公元元年左右能做到什么：

1.方田：各种形状的面积和分数的计算方法；

2.粟米：按比例交换不同价格的谷物；

3.衰分：以固定的比例分配货物和钱；

4.少广：长方形的边长，圆的周长，求平方根和立方根；

5.商功：计算不同立体的体积；

6.均输：如何按人口多少、路程远近等条件征税；

7.盈不足：线性方程，比如说，如果你工作更长时间，你（现在的）收入将如何增长；

8.方程：线性方程组，与牲畜的售卖和农田有关；

9.勾股：对勾股定理的应用。

对中国人来说，数学与抽象无关。整本书里没有一条普适的定义，他们主要考虑的是解决实际问题，并给出了许多具体的例子。他们想尽可能地找到最具普适性的应用方法，对他们来说，从这些方法反推回基本的数学原理并不重要。

所以，学习数学最首要的目的是应用。学习数学的人甚至可以解决税收、建筑、战争等方面的问题。美索不达米亚和埃及赋予数学家崇高的社会地位，他们是直接听命于上层领导的经理人；中国很难做到这样。

在中国，数学家和工匠一起工作，解决问题。

我认为数学家在中国扮演的角色非常重要。写成于公元1247年左右、后来十分流行的划时代巨著《数书九章》——用了两章来介绍防御工事，如何计算到敌营的距离，这都是备战外患所急需的知识。这本书里还记载着其他大量实用内容，例如信用系统和如何修筑堤坝；也有"没用"的东西，各种不必搞得那么复杂就能解决的问题。其中一个问题的解法如此复杂，以至于在这本13世纪的中国书里就已出现的内容，直到1890年才在欧洲被发现！

简而言之，数学在中国也有至关重要的实用价值，尤其是在组织和行政管理方面。但中国人使用数学的方式不同于其他文明，他们更偏爱解决问题的普适性方法和具体的例子，而不是抽象的证明、定义和基本原理。虽然方式不同，但大家使用数学的理由都一样。接下来，是时候回顾我在上一章末尾提出的问题了：我们为什么会开始使用数学？

答案其实很简单：数学让我们得以组织城市和其他大型团体。没有数字和数学，人们也能收税，但事实证明，这在现实中几乎不可能实现。只要人们开始大规模聚居、贸易往来，数学早晚会发展出来。规划城市、设计建筑、记录食物库存、制造武器——我们需要数学来完成这些任务。我们固然可以只靠与生俱来的天赋做这些事，但要做得更好、更高效、更精确，我们就需要数学。

我们可以从不同的角度来看待这个答案。不同的文化有不同的数字书写系统。有时候这很简单，例如埃及人书写 $\frac{1}{2}$ 的方式；当然，有时候也过于复杂，例如古埃及人写的 $\frac{5}{7}$。但所有不同的方法，无论是希腊人抽象的理论还是中国人基于实际的操作，产生的结果都一样。比如，古埃及人可以有效地分配面包，并把它作为薪水发放下去，不同地位的人有不同的配额。神庙首领的薪水是最低级劳工薪水的30倍。要管理这样的系统，有数字比没数字简单得多。

我们已经在第一章见识过了这个理念。在那一章里，我们还看到数学可以简化问题，提供实用的解决方案。这就是我们最初为什么会开始使用数学。只靠我们与生俱来的能力很难解决城市和国家的管理难题。所以，我们发展出了数学来帮助处理这些事情。规模小的文化群落不用数学很合理：大家生活在村庄里，每个人都互相认识。城市和国家的情况就太复杂了，要是没有数学，根本无法管理。

我们还看到，数学正朝着复杂的方向发展，而且这些额外的复杂算术不一定真的有用；它们只能证明某个人的数学有多棒或者多糟。所以，那些更复杂的数学到底有没有用？我们不满足于简单的数字和测量，继续深入探索，有什么好的理由吗？我们在日常生活中会注意到什么复杂的数学吗？我们将在下面的章节中探讨这些问题。

第五章

唯一不变的是变化——微积分的力量

　　我开车行驶在瑞典的一条公路上。可能有人还不知道，瑞典的公路无聊得要命：数百公里笔直的大马路，两旁种着树。幸运的是，瑞典的司机非常守法，他们开车的速度都一样，所以我可以打开巡航模式，舒舒服服地坐着休息。与此同时，车载计算机会计算汽车的行驶速度，评测它和我设置的巡航速度之间有多大的偏差，以及是否需要加速或者减速。有的豪华汽车的车载电脑甚至会检查你有没有把车开在车道正中间，它会观察汽车和两侧车道线之间的距离，以及车的行驶方向。如果车太靠近某侧车道线，计算机会提醒你调整方向。

　　听起来十分巧妙，但这有多难呢？这些事我们自己都会做，不需要那么多计算。如果我需要以特定的速度行驶，我只要看看车速表，然后调节油门，直到速度合适就好。而且驾驶员需要随大流行驶，而不是死守着120千米的时速。至于保持行驶在车道正中，谁都做得到，难道不是吗？

　　是的，谁都做得到。就连计算机也不例外。但计算机不能像我们一样感觉到方向盘的响应，或者看到眼下的交通状况。计算机必须算出所有东西，这是个不小的挑战。要让我们计算正在变化的过程，例如一辆车的行驶速度或者你距离旁边的车道有多远，设计出这样的计算方法并不容易。当你打开巡航模式的时候，你的汽车就会调用上面这些计算结果，这在拥有自动驾驶功能的汽车上用得更多。要是没有数学，我们就不会拥有这些应用。

今天，我们的汽车之所以拥有巡航模式，全得归功于艾萨克·牛顿做出的数学突破。至少英国人是这么说的。当时德国一位名叫戈特弗里德·威廉·莱布尼茨的科学家提出了完全相同的理论。要解释这个理论到底是什么，以及人们——哪怕在当时——发现它到底有多重要，我们不得不回到古希腊，重访阿基米德及其做出的关于圆柱体、球体和圆锥体的发现。

阿基米德想证明一些关乎体积的事情。你可能还记得怎么计算球的体积。我们每个人在中学都学过这个标准公式：球的体积（V）= $\frac{4}{3}\pi r^3$。这意味着我们还需要另外两个公式。圆柱体的体积等于底面积乘该圆柱体的高度，即 $\pi r^2 \times 2r$，或者 $2\pi r^3$。最后，圆锥体的体积是 $\frac{2}{3}\pi r^3$。我们得到这些公式的具体过程在这里并不重要；你甚至不需要理解公式。我想说的是，只要有了这些公式，你就能解决阿基米德的问题。球体比圆锥体大多少？用 $\frac{4}{3}\pi r^3$ 除以 $\frac{2}{3}\pi r^3$，你就知道：球体的体积是圆锥体的两倍。从圆柱体里切下一个球以后，它还剩下多少？用 $2\pi r^3$ 减去 $\frac{4}{3}\pi r^3$，你就得到了答案：$\frac{2}{3}\pi r^3$。只要你知道了这三个公式，登上希腊数学的巅峰就是小菜一碟。

那么，古希腊人为什么要如此大费周章？首先，他们没有我们如今使用的这个数字π。更重要的是，要找到这些公式，你必须引入无限——古希腊人拒绝这样做。他们更愿意守着整数和分数，这类数显然是有限的量，跟无限没有任何关系。这很重要，因为你不能把所有数写成整数或分数的形式，比如，π就不能表达为分数。今天，我们可以把它写到小数点后很多位，但问题在于——就π的情况而言——这些数会无限延伸下去。它从3.1415开始，无限延伸。

古希腊人很清楚，不是所有数都能写成整数或分数。正如我们在上一章中看到的，传说毕达哥拉斯把一名学徒从船上扔了下去，就因为他证明了不能这样表达。但面对这个难题，他们的确想出了一个我们今日看来全然不同的答案：古希腊人认为，你不能用同样的标准度量所有东西。如果某样东西的长度是$\sqrt{2}$厘米，那就不应该用厘米来度量它，而应该选择另一种不同的量度，以便于将同样的长度表达为整数或分数。比如说，在下页示图的三角形中，长边的长度是$\sqrt{2}$（根据毕达哥拉斯定理，它等于1^2+1^2的平方根），于是古希腊人说，你不能用同样的标准度量全部三条边。你只要换个不同的单位（比如，一根长度为的$\sqrt{2}$量棍），问题就解决啦。

难怪古希腊人永远不会说球的体积是$\frac{4}{3}\pi r^3$。这个公式的基础是π，一个不能用来做计算的数。第一个真正这样做的人是佛兰德数学家西蒙·斯蒂文。斯蒂文的工作基于从印度和中东传入欧洲的理念。他们主要的进步是更加严肃地对待分数，并将之写成小数点后的数，比如，把$\frac{1}{5}$变成了0.2。斯蒂文将发生在16世纪末的变化总结成了一个统一的定义："数字是揭示每样事物数量的方法。"他完全认可，万事万物都能用同一种简单的度量来计算，对于π这样的数字，我们只需要接受它们的本来面目就好。

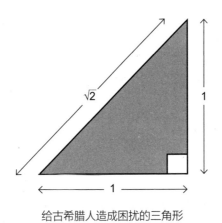

给古希腊人造成困扰的三角形

这是一大进步，因为它承认了无限：比如，你永远没法把π完整地写出来。对于$\frac{1}{3}$这样的分数来说，这是能做到的，虽然它写成小数以后是一个由3组成的无限小数0.333 3…。$\frac{1}{3}$和π唯一的区别在于，对$\frac{1}{3}$来说，小数点后的数重复出现，你知道下一位数永远是3，因此可预测。但面对π，你不知道下一位数会是什么。

不过，说到π的时候，谁也不会觉得这很奇怪。我们已经习惯了这样的数字，不会觉得有何特殊，除非你多想一会儿。以0.999…这个数为例，看起来可能有点奇怪的是，你很容易证明它实际上等于1。如我们所知，0.333…等同于$\frac{1}{3}$，只要小数点后有无限多位3（希望你原谅我没把它们全都写下来）。你将这两个数分别乘3，都会得到1。因为0.333…×3也等于0.999…，那么0.999…必然也等于1。

"无限"很快让你头昏脑涨，但你车里的巡航模式离不开它。要是没有 π 这样的数字，没有小数点后无限多的数位，你就不能讨论持续变化的量，譬如你的车的加速度。如果没有足够的数字来做这样的计算，一辆车的速度不会从 100 千米/时突然跳到 101 千米/时，它必然经历 100.5 和 100.141 5…（小数点后无限多位）这样的变化。要是没有表达所有这些速度的数字，你就不能用"千米/时"来度量它。就像要是没有 $\sqrt{2}$ 这个数，你就不能用厘米来度量三角形的全部三条边。

牛顿 VS 莱布尼茨

阿基米德没有足够的数字，所以他不能以我们今天的方式来思考体积。鉴于他无法用同样的单位度量所有事物，数学也帮不上什么忙。数字不止于整数和分数，只有接受了这件事，数学家才能计算体积和持续变化的事物。

最早这样做的人是牛顿和莱布尼茨。在 1660 年到 1690 年之间，他们各自独立发明了一种新形式的数学。两人谁都不相信，对方竟然与自己不谋而合。现如今，他们发明的东西已经成为数学领域中影响深远的一部分——微积分。他们采用的新方法，使其得以度量事物变化的速度和它随时间变化的幅度。微积分的这两个方面分别叫作微分和积分。

两位数学家都提出了突破性的理论，但他们的理论本质上完全相同。

谁才是首创者？谁应该青史留名？这是个大问题，尤其考虑到牛顿是个英国人，而莱布尼茨是德国人。由于当时这两个国家的关系不是特别好，这个激动人心的发现上升为事关国家荣誉的争端。

莱布尼茨从1684年开始发表自己的发现———一种计算变化的方法。数学家们立即表现出了极大的兴趣，一小群人聚集在莱布尼茨身边，更深入地完善"他的"新理论。1693年，他甚至面向更广泛公众，出版了第一本解释微积分的书。另一边，牛顿几乎什么都没发表。亲近他的人都知道他发现了一种新的数学方法，但谁也不知道它具体如何运作。牛顿把这种方法雪藏起来，这样他就成了唯一一个知晓其原理的人。

然后，不出所料的是，莱布尼茨突然宣布自己发现了同样的数学方法，而且丝毫没有跟他通气，牛顿被激怒了。1676年，牛顿曾给莱布尼茨写过一封信——不过是用密文写的。这是当时的一种惯例，但这些信有时很难被破译。伽利略曾在一封密文信里告诉开普勒，他见过两颗绕木星运行的卫星，但开普勒以为对方说的是火星有两颗卫星。

牛顿有意把信写得无法破译。他写信给莱布尼茨并不是为了解释自己的方法如何运作，而是为了在以后拿它说事：这位德国科学家偷了"他的"理论。牛顿正是这样声称的——或者更确切地说，他指使自己的门徒如此声称。当他看到莱布尼茨四处宣扬这种新发现的数学理论，就命令自己的追随者设法让那个德国人显得荒谬可笑。

接下来发生的，是科学史上最龌龊的争端之一。就连同时代的人——哪怕他们习惯了这样的骂战——也大为震惊。多年来，牛顿和莱布尼茨的追随者散发小册子来嘲弄对方阵营。莱布尼茨写了一本书为自己辩护，并求助于当时最负盛名的科学机构——皇家学会。学会组建了一个独立的调查委员会，来判定这两位科学家中到底是哪一位先提出了这套理论。

不幸的是，这个调查委员会并不完全独立。牛顿当时是皇家学会的主席，虽然他坚持，执行调查的正式委员会要独立工作，但实际上，这个委员会什么都没干。牛顿自己悄悄地写了一份报告，自然而然地得出结论：新方法是他自己发明的，莱布尼茨是个拒绝承认失败的无耻小偷。直到133年后，人们才知道，为了给自己辩护，牛顿竟做到了这等地步。

当然，这份报告没有解决任何问题。针对皇家学会的报告，莱布尼茨做出"匿名"的回复来捍卫自己的名誉。1716年，莱布尼茨逝世，但双方阵营的互相攻讦又持续了很多年。到底谁是对的？我们现在知道，这套理论的确是牛顿首先提出的，他在1665年就发现了积分和微分。当时莱布尼茨还是个20岁的年轻人，对数学一无所知。尽管如此，他并未偷窃牛顿的想法，只是运气不好，碰巧在十几年后提出了同样的理论。

越来越小的步长

一看就知道，这种新的数学理论一定非常重要，以至于引发了如此剧烈的争端。但牛顿和莱布尼茨发明的到底是什么？这是一种计算事物变化速度和幅度的方法。在此之前，人们只能计数或者测量静止不变的事物，牛顿和莱布尼茨利用"无限"和那些"新"数字改变了这样的局面。

计算变化速度在各种情况下都有用。你车上的巡航模式必须不断地计算它需要加速或减速多少，自动驾驶汽车必须计算该调整多少角度的方向。你的豪华咖啡机则会计算，要把水加热到适合冲浓缩咖啡的精确温度，加热元件的温度应该是多少。人们甚至会在医院里用这种方法观测肿瘤生长的速度。

我们用同一种技术来完成所有这些任务。这些事全都与测量变化有关。至于测量的是哪种变化，这不重要：反正用的是同一种数学原理。所以我们可以用一个简单的例子来解释。假设你是一位警官，必须去抓那些开车超速的人。这意味着你需要计算他们的行驶速度，或者说他们位移的速度。你先用最少涉及数学和现代技术的方式来完成这个任务。

最简单的办法是让一位同事站在路前方特定距离的位置上，比如1千米。车从你们面前经过的时候，你们俩都记录时间，然后对比双方的结果。你们的目标是计算车从你面前——比如这1千米的起点——经过时的速度，而不是它行驶这一整段路的平均速度。但要算出它的初始速度，你需要知道它花了多少时间跑完这1千米，如果它花了半分钟跑完，那么你可以假设它经过你面前时的速度是120千米/时。

或者不是这样？也许司机开始的行驶速度是140千米/时，因为限速是120千米/时，所以一看到你就减速了。然后他以更慢的速度开完了这 1 千米剩下的路程，最后的速度只有 100 千米/时。这样一来，你和同事会算出他的平均速度是 100 千米/时，哪怕他起初开得比这快得多。

为了阻止司机这样做，你可以缩短测量的距离。以 120 千米/时开完 0.5 千米需要 15 秒，所以超速的人只有很短的时间来调整自己的速度。距离越短，测得的初始速度就越准。实际上，到了一定程度就没区别了，因为司机不能在 1 毫秒内大幅改变汽车的速度。这么看来，那些向你报告当前时速的标牌很了不起，它们能在极短的距离内——大约 1 米——完成这样的计算。

假设这还不够。你想知道车在你看到它那一刻的确切速度。那么，哪怕是用几米的距离算出的平均速度带来的微小误差也显得太大了。要让测量变得更准确，你必须把这个距离缩得更短。这时候就该引入无限了：如果你能把测量的距离变得无限小，你的计算就会无限准确，由此可知确切的速度。

牛顿和莱布尼茨想出了这个主意。他们思考的是一个点在示意图中沿着一条线移动得有多快。线的倾斜程度越大，点向上或向下运动得就越快。

看看下页示意图中的曲线。先忽略那两条直线。你想知道下面的点向右移动时上升得有多快。于是，你测量了这个点在曲线最低处的高度，又测量了它稍微往右移动后的高度。然后你用一条直线把这两个点连接起来，比较两个高度的差别。这表明了这个点从曲线最底部向右移动到当前位置时的速度有多快。问题在于，这样测得不准。这个点在最开始几乎没有向上运动，然后在前进中加速，正如我们举的例子里加速的汽车一样。

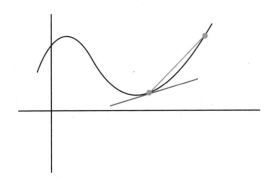

如何计算曲线在最低点时向上运动得有多快

　　牛顿和莱布尼茨解决这个问题的方法是，让右边的点不断靠近左边的点，以减少两个点之间的距离。在这个例子里，距离越短，直线越平，误差越小。他们的想法是，让两个点之间的距离趋于无限小，这样一来，直线就会变成图中靠下的那条线的样子，它正是这条曲线在这个点的斜率。但要完成这个任务，你必须用某种无限小的东西来计算。

　　哪怕对牛顿和莱布尼茨来说，这也是个棘手的问题。事实上，人们花了好几百年才想出了用完全可理解的方式把它写下来的办法。归根结底，无限小难道不就是0吗？你该怎么测量0秒内的速度呢？这样一来，车不是理所当然地完全没动吗？线也一样。你当然可以在最开始的两个点之间画一条直线，但要是两个点之间的距离无限小呢？那就没法在它们俩之间画线了，不是吗？

　　这样的事情的确难以想象。所以数学家们花了那么长时间来理解自己正在做的事情。他们还是在做计算，因为这有用，但谁也未能有所明悟。这一切都是因为无限小和0之间的区别很难想象，就像0.999 9…和1之间的区别一样。

最后，一些数学家提出了彻底摒弃"无限"的想法。这太难了，而且实际上你讨论的是尽可能小的东西。如果你能确保自己的目标实验距离越来越小，那你走的路就是对的。归根结底，如果你发现自己有误差，你还是可以做更准确的测量。如果说这些东西还是太理论化，别担心，细节没那么重要。你只需要明白，用来测量的单位越小，测出来的车速就越准。

古希腊人为什么不能这样做呢？原因有二。其一，他们没有足够的数字。到头来他们可能会遇到一个类似π这样被他们拒绝使用的数字。那就算不下去了，因为你需要测量所有可能的速度。其二，他们认为"无限"这个主意太疯狂了。你怎么能测量一段无限短的距离？谁也做不到啊。他们理解不了无限，今天的我们可能也没理解。归根结底，哪怕在今天，理解微分的运作机制也是一件困难的事情，而这正是"无限"的计算方法。

数步子

不幸的是，要理解积分也不会更容易。微分关乎速度，关乎事物变化的速度。而积分关乎量，关乎事物变化的幅度。这意味着你要尽可能连续地给变化计数。如果你想知道一个肿瘤长了一阵子以后有多大，那你需要积分。你想知道某样东西变化了多少就用积分，无论那是什么东西。它可能是你用掉的总电量，唐纳德·特朗普再次当选的概率，一根支撑梁能弯曲的幅度，也可能是你的车在遭遇事故后受损的程度。不知不觉中，我们走到哪儿都会碰到积分，包括汽车制造商用于确保你在车祸中幸存的方法。

　　这是怎么实现的？还是靠小步子，只是现在，我们想要大量的小步子，然后把它们全都加起来。假设你是在汽车厂里工作的数学家，想尽可能确保汽车的安全性。要完成这个任务，你可以尝试用各种方法来撞毁车辆，看看会发生什么。但数学能帮你大幅降低成本。

　　发生车祸时，乘客最容易遭遇危险的部位是头部。整个过程里头部被来回甩动的次数越多，车祸就越危险。所以，速度很关键，你可以用微分来测量它。在车祸中的每一个时刻，你都可以观察头部运动得有多快。起初它被甩向前方，但愿它能撞上气囊，以缓冲向前的动能。然后它被甩回来，撞向头枕，然后再次被甩向前方。

　　所以，作为汽车厂的数学家，你首先要算出乘客的头部在整个车祸过程中运动得有多快。但你还是不知道这场车祸有多危险，只知道头的运动速度，所以你还需要积分。高速运动的头部当然危险，但长时间来回甩荡甚至更危险。想想看：转一圈还不太糟糕，但连续快速转上20圈，你会晕得要命。

　　这是个很好的理由，让我们加总计算头在整场撞击中运动得有多快。如果你很懒，只选一个速度，比如说最快的速度，然后用它乘以撞击持续的时间。但这样简单的加总意味着算出来的数比头部实际的运动幅度大得多，这会让车的安全性看起来低于实际水平。

　　这正是我们先前在测量超速的案例中遇到过的那个问题，解法也一样：如果把整个过程拆分成一系列小得多的步子，你的计算就会更准确。你真正想要做的是把所有这些无限小的步子加起来，让它们告诉你头部来回运动的量到底是多少，由此判断撞击的危险程度。汽车制造商还会用这样的计算来评估车的安全性能。当然，他们也会拿车来做试验，但数学计算让一切变得更简单，更可预测。他们不需要撞毁很多车就能弄明白车有多安全，给出安全评分的速度也更快。然后研究者可以据此判断，在什么样的评分下乘客可能出现脑震荡。积分以这种方式保护你的安全。

　　积分还与面积和体积有关，不是吗？你可能还记得中学里讲过，积分与阿基米德关于球体、圆锥体和圆柱体的定理公式有关。这里用的是同样的方法，只是其中的变化没那么明显；你必须自己想象。下页的示意图展示了如何用"全部步子加总"的方法来计算面积。步子越小，它们就越贴合曲线下方的空间。

　　但这些图中的变化很难看得出来。更简单的办法可能是，想象它们平躺在地上。你想知道曲线下方的土地面积。如果这块地是长方形的，那就简单了，因为你只需要用它的长乘以宽就好。但是，如果你把曲线下方的区域划分成许多小长方形，你就能用这种简单的解法。你算出每个长方形的面积，然后把它们全都加起来。长方形越小，计算结果就越准确。

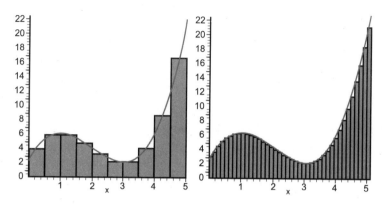

大致计算曲线下方的面积；长方形越小，算得越准

　　你还能以同样的方法计算体积。这要难一点，因为你必须在水平和垂直方向同时操作，但原理一样。有时候，你只需要使用我在本章开头介绍过的标准公式。但这个问题可能更现实：通过计算面积，你也能看出该如何计算一场车祸的危险程度。曲线下方的长方形代表的是头部的运动。曲线代表头运动的速度，线的位置越高，运动速度越快；所有长方形之和显示了头部前后运动的总幅度。背后的理念一样，只是表述不同。

没有什么比天气更善变

　　天气预报说，明天天气很好。但你要到什么时候才能认为预报说得对？天气预报出错如此频繁，我们应该保守一点。至少以前是这样，直到有了大型计算机，天气学家得以利用微积分来预测天气。从那以后，与20世纪70年代相比，天气预报的准确度就大幅提高了。

在那之前，人们用三个简单的步骤来预测天气。第一步，你看看窗外，研究一下云彩、温度等；第二步，你在历史记录中寻找天气类似的某一天；第三步，你用当时那天的次日天气来预报眼下明天的天气。换句话说，你假设天气情况和以前出现过的情况完全相同，因此接下来几天的天气也会和那时候一样。如果只看云和温度，这当然很难预测对。以前的天气预报经常出错，是因为天气的实际情况要复杂一些。

当然，人们也有可能做到"计算"天气。气流引起的天气变化是微积分的完美应用场合。比如，第一次世界大战期间，英国数学家路易斯·理查德森做过实验，用数学来预报天气。起初他试图谨慎地预报接下来6个小时的天气。他往窗外看看，快速计算一下，然后就知道6小时后的天气会是什么样了。但理查德森误判了"快速计算"：这花了他六周的时间！

因此，通过计算预报天气非常困难。它不光花费的时间长得离谱，而且也经常出错。这是因为影响天气的变化因素太多了。空气在不断流动，温度、湿度之类的参数也在不断变化。你必须知道高压区和低压区在哪里，以及它们如何运动——在大气层中一个很大的区域内。哪怕微小的变化也可能对天气造成显著影响。

正是由于这些捉摸不定的变化，我们仍无法准确地预测天气。即便是一台巨型超级计算机，也无法足够快地完成这样的计算。所以，我们放弃了准确知道一切的企图，将就着达成妥协：一台超级计算机假装一块面积约10平方千米的区域内天气都一样，因为缩小区域面积会带来过多的计算工作。所以，尽管自从我们开始运用这种妥协方案以后，天气预报的确变得准确多了，但它依然不是完全可靠。

如果预报员告诉我们，明天是个晴天，我们应该相信他吗？是的，应该。尽管气象学家无法准确预测天气，但他们可以做得很不错。计算机算出这些方块区域内的天气如何变化，利用微分探查空气的运动速度，再借助积分看看天气在一段给定的时间内变化有多大。所以，我们的天气预报准确率提高了很多，这得感谢数学。现在的预测很准了，未来几天的天气预报几乎不会出错，甚至下一周的天气预报也有80%的准确率。归根结底，这些积分和微分相当有用。

建筑、政策制定和物理学中的微积分

不断变化的不光是天气。虽然你可能没有注意到，但建筑也会不断受到各种因素的影响，譬如风，还有在里面转悠的人。重力会拉扯建筑，企图把它们拽倒在地，但它们依然屹立，因为在如何修建坚固的结构这件事上，我们已经很熟练了。我们开始使用数学以后，在建筑领域也能做得更好一点了。

很长一段时间里，人们都基于经验来设计建筑。人们修建自己熟悉的东西，不用做太多实验。真要尝试新东西的时候，他们会十分谨慎，先等一等来观察是不是行得通。建筑曾经是一门艺术，直到1900年左右，它开始变得更像一门科学。以旧金山的金门大桥为例。人们在20世纪30年代建成这座大桥的时候，它的长度近3 000米，是当时全世界最长的桥，支撑它的钢缆总长度达129 000千米。关于这座桥的一切都比人类有史以来造过的任何东西都要大。你该怎么构建这样的东西呢？你怎么知道这么大的一座桥不会塌？或者被风吹毁？或者桥的中间会不会太沉？这一切都经过了提前计算。

旧金山的金门大桥

用于计算一座桥是否会倒塌的物理学理论依赖于积分和微分。它们主要用于计算钢梁能弯曲到什么程度。正如你在照片中看到的，金门大桥主要由钢梁架构，它们必须承受可观的重量。这会导致它们弯曲，弯曲的程度可以计算。微分用于确定它们的形状如何变化，积分则用来弄清它们总的弯曲幅度。计算时需要考虑大量因素，包括梁的安放方式。下面的示意图可以解释：平放的梁弯曲程度大于侧放的。

一根梁的形变程度取决于它的安放方式

数学排除了建筑学中猜测的部分。建筑师有使用钢梁的经验，但要修建这么大的一座桥，或者说这么大的全钢桥，谁也没有经验。你可以径直开工，然后祈祷哪怕尺寸放大了，一切还是和原来一样，但代价可能非常昂贵。想象一下，要是最后出了错会怎么样。桥塌了一次又一次，纳税人不想承担这一系列失败尝试的损失。幸运的是，提前计算可以避免这种不必要的损失。数学让我们得以建造越来越大、越来越复杂的建筑。通过提前计算，我们可以判断一个建筑能否屹立，甚至可以创造出人们前所未见的建筑物，例如北京的中央电视台大楼。

北京的中央电视台大楼

　　变化也出现在其他很多领域。想一想经济，钱从一个地方流动到另一个地方。工作岗位数量、空缺数量和想要填补这些空缺的人数都在不断变化。有时候政府制定了会造成变化的政策，伴随而来的潜在影响必须经过提前计算。不同的税率会带来什么影响，或者更广泛的，英国脱欧或者中美贸易战会带来什么影响？政府指派经济研究机构分析他们的政策，弄清可能造成的影响。要完成这样的计算，研究机构会使用大型数学模型。他们有成系列的公式可以算出，如果推行这些政策，到底会对经济有何影响。这些公式由什么组成？正是积分和微分。

　　税收变化影响着政府向个人和公司征收的税金，进而影响政府手里的开销。这又会影响经济。政府引入变化，指望改善各种事情，研究机构帮助他们预测这些影响都有什么。如果你用数学来计算，得到的结果会更准确一点。此外，你漏掉什么事情的概率也更低。你可能会忘事，但公式不会。

　　研究机构做计算的事情我们不怎么听说，可能除了选举前夕。但在我们的生活中，积分和微分无所不在，包括我们家里。你的汽车，你的咖啡机，还有你家中央供暖系统的恒温器，乃至你度假时坐的飞机上的自动驾驶系统。所有这些机器都依赖于让很多学生牢骚满腹的同一个数学领域。

　　这些机器的共同点是，它们必须调节变化。恒温器做计算是为了让你家维持合适的温度。如果上午你家里是16℃，你想把温度调到18℃，那么恒温器会算出暖气应该开多久、温度应该开多高。它用微分跟踪设定温度与实际温度之间的差值缩小的速度，即屋子升温的速度。为了预防屋里变得太热，让它被迫重新降温，恒温器需要计算微分和积分。

　　你车里的巡航模式和飞机的自动驾驶也必须做类似的计算。开车的时候，你的脚必须一直放在油门上，否则汽车会减速。巡航模式利用微分和积分算出它需要加速多少才能让车速保持恒定。自动驾驶系统做的也是同样的事情，SpaceX（美国太空探索技术公司）的火箭引人瞩目的着陆背后蕴含的理念也一样。到处都有需要计算的变化，要是没有积分和微分，我们几乎不可能完成这些计算。

积分和微分在物理学中也至关重要。自然世界里的一切都在不断地变化，要研究它，你需要一种理解变化的方式。这正是微积分的作用。牛顿在自己的引力理论中使用了微积分，当时这还很新奇，所以他在计算中用得不多。但是，正如我们在之前章节提到的，他的方程惊人地简单准确。事实上，这种简洁准确让20世纪著名物理学家理查德·费曼评价说："牛顿以其他任何方式来书写自己的理论都只会更糟。"

每个人都需要微积分吗？

积分和微分非常有用，但比起我们在上一章中讨论过的算术和几何，它们理解起来要难一点儿。而且，你在日常生活中会有需要它们的时候吗？几乎所有的中学生都这样问过自己。答案取决于你从事什么工作，因为，正如我在本章中揭示的，它们无所不在。如果你设计建筑，那你很可能用得上微积分。如果你是自然科学家，你大概会在某个时刻用到积分和微分。要是你设计汽车或者做碰撞测试，那也一样。不过话说回来，永远用不上微积分的专业也很多。

所以你会发现，你在日常生活中必须使用积分和微分的可能性非常小。我们不使用微积分，也能应对生活中的变化。从这个意义上说，除非你选择一个必须要用到数学的专业，否则你不需要了解积分和微分。而且就算你用得上数学，你很可能也不必亲自计算，把计算的工作留给计算机来完成就简单多了。

所以，从其他角度来说，了解微积分到底重不重要呢？如果你想理解数据，哪怕只是因为政府利用它们来计算你得交多少税。如果你的税单出了错，你肯定想了解一下。但要检查税单，你不需要了解微积分。政府利用微积分制定会影响你的决策，如果你真想理解这些决策——譬如对政府的政策进行数学分析——那你的确需要这些数学知识。但大体来说，不同于计算你的税金时涉及的数据，那些计算的结果不会直接影响你。

但这并不意味着你就应该大声抱怨数学老师在中学教你的东西。积分和微分背后的理念可能难以理解，但它其实没有听起来那么疯狂。数学符号很容易吸引你的注意力，让你忘记它背后的理念：把变化切割得尽可能小，通过这种方式来研究变化。如果你想知道周围的事物如何运作，至关重要的是，你至少要理解这个理念。

积分和微分改变了世界。它们让计算机、智能手机、飞机和其他许多现代机器成为可能，我们要更好地理解这个世界，微积分不可或缺。正是有赖于这方面的理解，我们才能使用现代技术；要是没有微积分，我们现在还只能靠实践经验造房子呢。这会大大增加修建大型多样化建筑的难度，现代技术也难以从中实现。简而言之，要是没有积分和微分，我们生活的世界会和现在很不一样。

所以，它们当然不是没用的。我们跟它们打交道的地方多得超乎想象。我们只是没有注意到它们，也不需要直接接触它们，因为我们的世界已经发展到了这一步，背后的计算也已经完成。那么，是不是每个人都需要微积分呢？不是。但我的确相信，我们都应该理解它们背后的理念，就像我们都会学习历史一样。微积分为我们周围的世界提供了一块至关重要的背景幕布，尽管不幸的是，这块幕布往往以吓人的面目出现。不必害怕：微积分背后的理念，以及这个理念的价值都很简单，很容易理解。

第六章

把握不确定性——概率和统计一瞥

　　2016年的秋天，全世界的目光都聚焦在美国总统大选上，和往常一样，我们迫不及待地想知道结果。我们想提前知道谁的胜率更高：是希拉里·克林顿，还是唐纳德·特朗普。

　　当时的预测后来变得臭名昭著。民意调查背后的专家宣称，希拉里的胜率介于70%到99%之间——居然高达99%！最后的结果我们都知道：出乎所有人的意料，特朗普赢了。民意调查错得离谱，至少事情看起来是这样。无论如何，那些言之凿凿声称希拉里必将获胜的专家全都说错了。怎么会有这么多人错得这么离谱？这是个大问题，因为这样的错误经常发生。以英国脱欧全民公投的民意调查为例，他们预测大部分人更倾向于英国继续留在欧盟。虽然他们的把握没有美国大选时那么大，但想要英国留下来的人仍明显占数量优势。但同样的事情又发生了，民意调查和预测都弄错了：赞成英国脱离欧盟的人以微弱优势获胜。

　　对我们来说，民意调查到底有什么用？如果统计学这么容易给我们造成错误的印象，我们还能相信它吗？是的，我们可以，但不能盲目。因为统计学错得如此频繁，我们最好了解一下它到底如何运作。归根结底，民意调查也是有根有据的计算。而且它的历史不算太长；古代雅典没有民意调查，当时的人们也会对重要决策进行投票。那时候他们还不曾拥有应用于预测的数学，牛顿和莱布尼茨的时代也没有，虽然当时他们正在发展它。真正的民意调查直到17世纪中叶才开始出现。

数学游戏

　　1654年，两位业余数学家布莱兹·帕斯卡和皮埃尔·德·费马展开了一场颇有难度的讨论。名叫舍瓦利耶·德·梅内的法国贵族请帕斯卡解答一个问题。德·梅内喜欢打牌赌钱，但有时候他们不得不在没有人确切获胜的情况下被打断。比如国王突然来访，德·梅内就没法继续玩下去了。所以他想知道，如果牌局被中途打断，赌资该如何分配。他去问帕斯卡，但帕斯卡也不知道，于是后者开始和费马通信。他们试图弄清，如何计算你赢得一场牌局或赌局的概率。我们今天所知的名为统计学的这门学科就是这样诞生的。

　　想象一下，你正在玩一种游戏，你必须赢三局才算获胜，但在你以2∶1领先的时候，游戏被迫中止，对手应该付你多少钱？$\frac{2}{3}$的赌资看起来很合理，因为获胜需要三局，你已经赢了两局。但实际上你应该得到更多，因为这里牵涉的是你赢得所有赌资的概率。帕斯卡和费马算出，

这个概率实际上是 $\frac{3}{4}$，所以你应该得到这个比例的钱。他们得出这个结论的过程见下图。

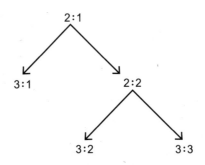

游戏中断后可能出现的结果

　　如果下一轮你赢了，比分应该是 3：1，你获胜；但要是你的对手赢了，比分就是 2：2。你们必须再玩一局，要是这局你赢了，比分就是 3：2。这意味着在三个可能的结果中，有两个结果是你获胜。但这给计算带来了一个问题：你不是每次都玩同样的局数。如果比分是3：1的时候还有一局，那么最终比分会是3：2或者4：1，于是你会看到，四个结果中有三个你会获胜。所以，帕斯卡和费马得出了 $\frac{3}{4}$ 的结论。

　　这能有多大用处？它听起来不像是一个亟待解决的重要问题。这种事儿也许真的会发生，但他们完全可以回头再继续进行中断的游戏。数学领域里应用最广泛的学科，就是有这么个看起来没用、让人大跌眼镜的起源。值得注意的是，数学家们立即开始针对越来越复杂的游戏和其他场景做类似的计算。

　　也许，它并不是那么没用：在费马和帕斯卡的时代，人们对投机贸易的兴趣日益高涨。比如，投资者赌一艘船能满载货物安全返航。有时候他们会改主意，因为他们需要这笔钱去干别的事儿。以费马和帕斯卡的方法为基础，发明一种简化的版本，在"游戏"结束前计算你收回投资的概率，这是数学家能办到的。

无论出于什么原因，研究这样的游戏并未立刻带来任何实用的回报。你需要提前知道自己赢一局的概率。我的例子里有一个假设的前提：两个玩家每轮获胜的概率相等。但在大部分游戏里，情况并非如此。你可能比对手强，所以你赢的概率更大。实际上，你要算的是如果你准确预判了所有事情，然后会发生什么。

以美国大选为例。除非你知道全国每一位注册投票者投给特朗普或希拉里的概率，你才能用费马和帕斯卡的方法进行计算。但这不符合客观现实；你没法读懂每一个美国人的心思。要是你有这个本事，就不需要做什么预测，因为你已经知道答案了。从某种意义上说，你已经举行过了大选。

只有在你不知道结果的情况下，计算某件事发生的概率才真正有用。所以你从自己确切知道的事情开始，例如投票者在选举民意调查中给出的答案。参加调查的人只有一小部分，而且你不知道他们在填写答卷时是否诚实，但你只能用手里有的东西来做计算。或许你可以从更简单的东西开始，譬如一块石头的颜色。雅各布·伯努利在他1713年出版的著作《猜度术》中就是这样做的，比帕斯卡和费马晚了50多年。过了这么久，终于有人意识到，还是研究点儿更实用的东西为好。

在并未提前知道所有可能结果的情况下计算某件事发生的概率，伯努利是第一个这样做的人。想象一下，你有一个巨大的陶罐，里面装着5 000块石头，有黑、白两种颜色。你想知道有多少石头是黑的，多少石头是白的，所以你从罐子里掏了几块石头出来，然后发现黑的有两块，白的有三块。这可能意味着罐子里有2 000块黑石头和3 000块白石头。但你挑出来的白石头也可能是罐子里仅有的三块，这种可能性要小得多，但的确存在。

于是，你继续从罐子里往外掏石头。每轮你都掏出来两块黑的和三块白的。合情合理，你越来越确信，罐子里有3 000块白石头，正如我们确信太阳每天都会升起，因为我们曾经看着它升起过那么多次。但是，你要掏出多少块石头才能有理有据地说，白石头和黑石头的数量比是3：2？这就是伯努利想要计算的目标。按照他的标准，一个答案在1 000次验证里要对999次才算"切实可靠"。但接下来他发现了一个问题：根据他的计算，仅仅在50次验证里对49次，就需要掏25 500次石头！

伯努利的书到此为止。重复一个实验25 500次，却还离确实可靠的答案十分遥远，这超出了他的承受能力。这本书甚至不是他自己出版的——在他死了八年以后，他的堂弟约翰才决定将之出版。之所以花了这么长时间，是因为伯努利的遗孀既不相信约翰，也不相信伯努利的亲兄弟，因为伯努利生前曾在科学期刊上跟他们公开论辩过。

伯努利开了个好头，但他遇到的问题太多了。首先，你必须猜一猜正确的比例是多少。换句话说，你必须提前确定，你想知道的是罐子里有3 000块白石的概率。要是你想知道的是罐子里有2 999块白石的概率，计算过程就不一样了。其次，需要的实验次数太多了，他理想的可靠标准太高了。今天，科学家们只要求你在20次验证里对19次就可以了。

研究概率的数学始于游戏，然后慢慢变得更实用。伯努利已经开始尝试计算一些更有用的数据。而且他离答案更近了——你不需要知道所有美国投票者的想法也能做出预测。但你需要提前假设，比如希拉里·克林顿将得到52%的选票。这不能大幅提高它的实用性，毕竟我们不知道整个国家将如何投票。你不想去赌，不过幸运的是，你也不必赌，这得感谢数学家亚伯拉罕·棣·美弗（Abraham De Moivre，简称棣美弗）提出的想法。棣美弗想到了我们下一步该怎么做，我们一看他的实验方法就知道关乎概率：扔硬币。

扔硬币

棣美弗在法国长大，作为一名新教徒，他在法国监狱里被关了一年后，于17世纪80年代末逃到了英格兰。在英格兰，他找了一份数学老师的工作，不是在学校里教书，而是教导贵族的孩子。他利用业余时间做研究，而且获得了非常出色的成就，甚至出色到了牛顿派人来向他讨教数学问题的地步。

棣美弗也潜心研究起了黑白石头的问题，不过更简单的方法是把它想象成扔硬币，这件事有两个可能的结果，要么是"正面"，要么是

"反面"。他算出，如果你重复的次数足够多，就会得到所谓的"二项分布"。下页示意图展示了扔10次硬币的二项分布。最右边的小方块代表扔10次硬币结果都是正面的概率，而最左边的方块是完全没有正面的概率。中间的高方块代表正面出现5次的概率。这个方块最高，因为这是最可能出现的结果。换句话说，它比扔出10次正面（或者一次都没有）"正常"。这样的坐标图随处可见。身高是个很好的例子。2017年，英国男性的平均身高大约是177厘米。这意味着身高高于或低于这个高度的男性都更少。如果你身高150厘米，那么你会出现在坐标图左边，而要是你身高200厘米，那就在右边。

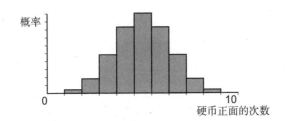

扔10次硬币出现正面的概率

扔10次硬币的结果示意图其实和这差不多。如果把图中图形想象成一座山，扔硬币的次数越多，这座山就会变得越平滑。看看下页第一幅图，这是扔50次硬币的结果，你会发现，图中的山更平滑。

如果你继续扔下去，最终会得到一座完全光滑的"山"，然后你一下子就能看出，这座山和概率有什么关系了。你可以利用牛顿和莱布尼茨发明的积分来计算山下的面积。计算表明，山顶部代表"正常参数"，因为近40%的结果落在最高的两个方块里。

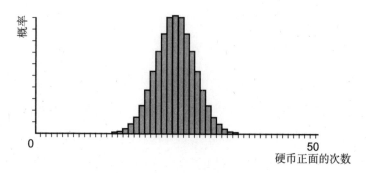

扔 50 次硬币出现正面的概率

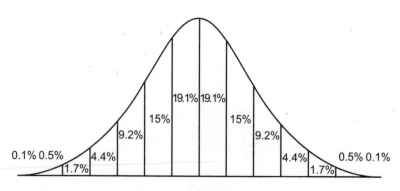

正常的分布，图中的百分比代表结果落在曲线下方各个格子里的概率

　　曲线下的区域代表的是概率。结合我们前面引用的数据，有近40%的英国男性身高约177厘米，所以任何一位特定男性身高177厘米的概率是40%。扔硬币的原理也一样：如果你扔100次硬币，那么半数结果是正面的概率远大于100次都是正面的概率。后者出现的可能性不是0，但非常小。所以表示概率的小方块在示意图里才那么矮。

两位托马斯

棣美弗用坐标图和积分来计算概率。但你该怎么实际运用这幅图呢？对于统计身高和智商分数，它运作得很好，但在另一些更重要的事情上，譬如民意调查，事情就没这么简单了，因为投票结果无所谓"正常"或"异常"。它在科学领域中也不太好用。比如，你该怎么利用二项分布图来确定自己是否发现了一个希格斯粒子（希格斯粒子是过去十来年里最重要的发现之一）？这真能做到吗？

是的，你能做到，多亏了另一位数学家托马斯·辛普森，他和棣美弗生活在同一个时代。辛普森阐释了棣美弗的工作，并出版了一本书把它介绍给更广泛的公众。棣美弗对此颇为不悦，在他自己的书的第二版前言中，他写道："致我无须提及名字的某君，出于对公众的同情，（他）也会就同一主题出版自己作品的第二版，为此他将承担非常合理的代价，无论他是否拆解了我的见解……"辛普森报以同样的恶意，但幸运的是，在局面失控以前，棣美弗的朋友们就介入了这场争执。

辛普森的确提出了一个新想法：他把概率计算掉了个头，他考虑的不是你弄对某件事的概率，而是弄错的概率。换句话说，他关注的是一个科学实验的结果出错的概率。大部分情况下，你的科学设备运转正常，你只会产生一些小的测量误差；然后你的结果会落在坐标图中间，"山"的最高点。但有时候你会偏离轨道，犯下严重的测量错误。这种情况并不多，除非你的运气相当不好。因为犯下严重错误的概率很小，所以你的结果会落在坐标图的最左边或者最右边，也就是"山"的底部。

　　如果其他因素都很正常，那么感谢数学，我们可以计算自己的期望，比如希格斯粒子存在——正确的概率。毕竟，我们不知道哪些测量是错误的，所以我们也不知道自己是不是真的找到了希格斯粒子。我们也不知道，提示我们找到了希格斯粒子的测量结果是否正确；也许这些测量的结果就是错的。所以，我们假设自己的结论不对，然后利用坐标图来看一看，如果这个假设是对的，那么它涉及的测量有多奇怪。换句话说，我们计算的是自己看到这些测量结果，但希格斯粒子并不存在的概率。如果我们需要在测量中犯很多错才能得到这些结果，那它们就会出现在"山"的底部，这是个好消息，意味着希格斯粒子不存在的可能性不大，因此它很可能存在。不过，要是我们几乎不需要在测量中犯错就能解释测量结果，那么这些结果就落在"山"的顶部，这意味着希格斯粒子很可能不存在，科学家的希望只能落空。幸运的是，位于日内瓦的欧洲核子研究中心的研究者没有碰上这种事。如果希格斯粒子不存在，他们得到的结果需要在非常巧合的情况下才会出现：完全因为误差而得到同样结果的概率小得不可思议——三百五十万分之一。

　　当然，这一切不是辛普森一个人想出来的。让我们回到伯努利遇到的那两个问题：需要的实验次数太多，以及你只能计算自己的猜测正确的概率。辛普森解决了第一个问题，因为他证明了——通过更准确的计算——要获得伯努利所认为的高度确定性，需要的实验次数远没有那么多。后来，到了18世纪，另一位托马斯——托马斯·贝叶斯——通过阐释辛普森的想法，解决了第二个问题。多亏了贝叶斯，我们现在也能计算，如果希格斯粒子不存在，得到上述结果会有多奇怪。

有的事物的概率度相对好算。想象一下，你收到了一封电子邮件，你的邮件服务商必须计算它是垃圾邮件的概率。一个办法是检查特定词语——比如"尼日利亚王子"——出现的频率。这件事本身不难，但包含这个词语的邮件不一定是垃圾邮件。所以，你需要知道一封包含这个词语的邮件是垃圾邮件的概率，而在没有任何背景参考的情况下，弄清这个问题相当困难。谢天谢地，贝叶斯发明了一个公式，让我们正好能解决这个问题：

$$\frac{\text{包含特定词语的}}{\text{垃圾邮件的概率}} = \frac{\text{垃圾邮件的概率} \times \text{词语出现在垃圾信息中的概率}}{\text{词语的概率}}$$

因此，要使用这个公式，你的邮件服务商需要知道其他三个概率。幸运的是，这比计算包含特定词语的信息有多大概率是垃圾邮件要简单得多：你的服务商可以通过你放进垃圾邮件箱里的东西直接找到这些数据。他们需要知道的第一个数据是你收到垃圾邮件的频率，换句话说，就是一封信是垃圾邮件的概率。要完成这个目标，他们会用你垃圾邮件箱里的邮件数量除以你收到的邮件总数。第二个数据是一封邮件包含"尼日利亚王子"这个词语的概率。他们会用包含这个词的邮件数量除以你收到的邮件总数，算出这个数据。最后是你收到的垃圾邮件包含"尼日利亚王子"这个词语的概率。这也是个简单的算术：用你垃圾邮件箱里包含"尼日利亚王子"这个词语的邮件数量除以你收到的垃圾邮件总数。所以，要预测一封包含"尼日利亚王子"这个词语的邮件是不是垃圾邮件，你需要的每一个计算都很简单。只要这些词语主要出现在垃圾邮件中，而且你没有真的跟尼日利亚的王子通信，那你就可以假设，所有这类邮件都属于垃圾邮件。

我们大量运用贝叶斯的公式，因为它很好地解决了伯努利的问题。贝叶斯不必猜测就能计算概率。当然，这个公式并不完美，因为你并不知道自己放在等式右边的概率是否正确。它们往往很容易被查验，但总有一定程度的不确定性。贝叶斯公式不同于以往那些概率计算的地方在于，它有一定的实用价值。

比如在医院，你做了个检查来确定自己是否患有癌症，你想知道，如果检查结果表明你得了病，这意味着什么。这个检查有多可靠？如果测试结果是阳性，那么你真正罹患癌症的概率有多大？利用贝叶斯的公式，这也可以基于其他三个概率计算出来。首先，有多少人得癌症：我们暂且假设 1 000 个人里有 20 个，或者说概率为 2%。其次，你得知道如果你罹患癌症，测试结果为阳性的概率，比如这项测试从真正罹患癌症的人群中探测到这种疾病的概率：假设是 90%，也就是 20 个患者里能测出 18 个阳性结果。最后，你想知道测试结果为阳性，但你没得癌症的概率。我们假设是 8%，或者说 980 个阳性结果里有 78 个人没得癌症。于是你知道，这项测试在 1 000 个人里能测出 18+78=96 个阳性结果（无论这些人是否罹患癌症）。在贝叶斯的公式里，这三个概率看起来是这样的：

$$\frac{\text{测试结果为阳性时}}{\text{罹患癌症的概率}} = \frac{\text{癌症概率} \times \text{癌症人群测试结果为阳性的概率}}{\text{测试结果为阳性的概率}}$$

如果你将这些数据代入贝叶斯公式，得到的结果如下：0.02（2%）

×0.9（90%）/0.096（9.6%）=0.187 5（18.75%）。这表明，哪怕这项测试结果是阳性，你真正罹患癌症的概率也只有18.75%。这远远低于你对一个能筛出90%真正癌症患者的检测抱有的期待。之所以会这样，是因为这项检测对大量没得癌症的人给出了阳性结果：正如我们已经看到的，96个阳性结果里只有18个人真正得了癌症。所以，我们拥有这个数学公式是件好事，因为它让我们发现，这样的检测真正透露的信息到底有多少。

都是游戏？实践中的数学

刚才我们一直把统计学当成实用版的概率论来介绍，统计学起步得略晚一些，但始于实际需求。1750年，天文学家托比亚斯·梅耶（Tobias Mayer）就提出过一个解决问题的方案。它不是一套抽象的理论，而是直接源于现实世界的数学分支。

在梅耶那个年代，欧洲的主要势力面临着一个严重的问题。他们都拥有海外殖民地，他们的船往返于世界各大洋，但谁也不知道该如何准确计算船的位置；损失船舶耗资巨大。英国提供了丰厚的悬赏，来奖励能在海上计算经纬度的人。从1730年开始，他们能用六分仪来确定纬度，但如何确定经度仍是个棘手的问题。所以政府资助研究者寻找解决方案。从1714年到1814年，英国奖励了10万英镑——相当于今天的几百上千万英镑——给那些设法在海上计算经度的人。1765年，也就是梅耶去世三年后，他获得了3 000英镑的奖金，差不多相当于今天的50万英镑。他找到了一种预测月亮位置的方法，知道了这个数据，你就能算出对应的伦敦时间，然后根据时区算出自己所在地的经度。时间基准线在伦敦的格林尼治。你越往东走，时间就越提前。纽约比伦敦晚5个小时，而阿姆斯特丹比伦敦早1个小时。只要你知道了伦敦时间，再基于月亮的位置和当前的时间，以及太阳升到最高点的位置（当地正午），就能算出你离伦敦偏东或偏西有多远。

　　人们通常用三个测量数据来计算月亮的位置，但梅耶使用的测量数据不少于27个。在当时，这个数字大得离谱，但以今天的标准而言却实在太少。我们已经习惯了大量数据，但在梅耶之前，人们就是不知道该如何处理所有这些额外的信息。要确定月亮的位置，他们需要知道三个数据，这意味着，三次测量既不能多，也不能少。

　　作为有史以来最有天赋的数学家之一，莱昂哈德·欧拉（1707—1783）也是这样想的。为了让你更容易理解这个问题为什么这么难，请试想一下，你要画一条直线，却不知道它的起点和斜率。没有这些参数，你没法画这条线。如果在坐标图里给你1个点，你就能知道这条线的起始高度，但还是不知道它的斜率到底是多少，如下页左图所示。如果你有2个点，如中间这幅图所示，那就简单多了：你只需要在两个点之间画一条线就好。但要是给你的点不止2个呢？右边的图上有3个点。现在你该怎么画这条线？好比你在中间这幅图上把第三个点画在两点之间，就完全没用了。那你应该把它画在3个点之间的某处吗？如果是的话，到底画在哪里？它的斜率应该是多少？它应该从最低的点偏上一点的位置开始吗？如你所见，如果点的数量超过2个，要在它们之间画出最佳的直线，这并不容易。所以，只靠3个测量数据来确定月亮的位置，面对这个问题，欧拉没有给出解决方案。

在一个、两个、三个点之间画一条线，并不都是那么容易

梅耶用一个很简单的办法解决了这个问题：既然未知量有3个，于是他把27个测量数据分成3组，每组9个。然后，他取每组测量数据的平均数，再把这3个平均数当成真正的测量数据来使用。这样他就用全部27个数据完成了所需要的3次计算。这个办法的作用是：与同时代其他人相比，他算出的月亮位置要精确得多。

欧拉觉得梅耶的方案毫无道理。更多的测量次数会增加出错的风险。如果你量出来的两个角度总是过高，那么你测量的次数越多，累积的错误就越大。所以欧拉认为，最好的办法是尽可能减少使用的数据数量。现在我们知道他错了，但为什么？我们不妨回过头看看概率坐标图里的山。误差可能出现在任何地方，包括左边和右边。欧拉认为，你测量的次数越多，就会顺着"山"的曲线下滑得越远。但由于误差出现在曲线的左右两边，所以它们会互相抵消。要是你把正向和负向的误差加起来，最后就会落在坐标图中间，也就是山顶部。再考虑到测量中的误差是随机的，所以测量的次数越多越好。

更多数据!

1800年左右，梅耶的应用研究和针对概率的理论研究被结合在了一起。这应该归功于约翰·卡尔·弗里德里希·高斯、皮埃尔–西蒙·拉普拉斯、阿德里安–马里·勒让德等学者的努力，不过后来他们再次陷入了是谁首先提出这些想法的口水仗里。高斯甚至请了朋友来证明，早在其他任何人在纸上写下哪怕一个字母之前，他们就听他讲过这个了。谁是首创者其实无关紧要，不过显然，他们都认为自己做出了一个非常重要的发现。这毫不意外，甚至早在拉普拉斯于1827年去世之前，圈内已经出版了几十本书来阐释他们的工作。他们的数学方法立即被科学界采纳，而且越来越多地被应用到其他地方。在帕斯卡和费马开创这门学科的一个半世纪以后，统计学向前跃了一大步。

梅耶的方法看似得到了一点改进，实际上它不过是设法绕开了问题。梅耶没有改变原始计算，而是简单地取3组数据各自的平均值。高斯和拉普拉斯用更有效一点的办法解决了这个问题。他们发明了一种能在两个以上的点之间画线的办法。在下页坐标图里，你能看到一系列无法用一条直线连起来的测量数据。

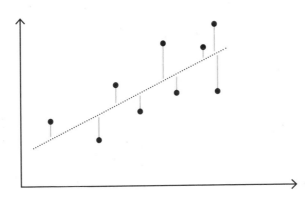

利用高斯和拉普拉斯的最小二乘法
在多个点之间寻找最佳的直线

高斯和拉普拉斯证明了，所有点之间最佳的直线是能够尽可能缩小测量误差（即无法完美落在这条线上的结果）的那条。误差用点和虚线之间的垂线表示，因为误差既有正的（直线上方）也有负的（直线下方），把它们全都加在一起，结果可能是0。因此，要计算总误差，你可以用平方消除负号（比如，−2的平方是4）。这就够了。像辛普森那样把关注的重点放在误差上，你就能比梅耶更好地利用多次测量的结果。这让你的预测变得更准：如果你像梅耶一样，在同样使用27个测量数据的情况下，你的预测精度会提高3倍。从精准度来说，梅耶的成就或许不算很大的进步，但它带来的差别的确足以赢得50万英镑的奖金。

此外，高斯和拉普拉斯的方法让我们得以判断估测有多准，因为我们知道自己的测量有多大的误差。拥有大量小误差的测量结果比有几个大误差的测量结果好，这的确是个新知识。以古代美索不达米亚人的估测为例，他们会估计一片土地即将产出的谷物数量，每平方米的土地产出都有一个固定值。但在实践中，这样的估计当然不准，因为并不是所有土地都同样肥沃，各个地方的降雨量不尽相同，也不是每个农民都会精心地照料庄稼。当然，古代美索不达米亚人也知道这一点，但他们无能为力，因为他们没有足够的数学知识来做出最好的估测，甚至不清楚自己的估测准确率有多少。直到高斯和拉普拉斯发现了该如何计算最佳估测，我们才能做到这一点。

约翰·斯诺到底发现了什么？

又过了100年，统计学才开始得到普遍应用，比如被用来研究病因。1850年左右，霍乱是个严重的问题，主要是因为谁也不知道它如何传播，这造成了其频繁的流行。人们提出了五花八门的理论：很多人觉得它是由于人们吸入了糟糕的空气或者气味引起的；更疯狂的想法是，生气会增加你得霍乱的概率。在1832年和1844年，纽约人得到的建议是，保持心情愉快冷静以预防霍乱。幸运的是，也有人想到了正确答案：霍乱通过水传播，跟人是否生气无关。但几乎没有人系统性地研究霍乱的病因，所有讨论完全是纸上谈兵。

后来，大约到了1850年，英国医生约翰·斯诺（John Snow）开始研究这种疾病。当时霍乱疫情在短时间内发生了好几次。1848年，做完第一次研究以后，斯诺确认了这种疾病的源头：名叫约翰·哈罗德的水手是最早的患者。但这解释不了下一个入住哈罗德房间的人为什么也会得病。这需要进一步的研究。

1854年夏天，伦敦再次笼罩在霍乱的阴影之下。这次斯诺准备得更充分了。他画了一幅伦敦有霍乱患者死亡的所有地区的详细地图，并用黑块标出了每一个死亡患者所在的位置。

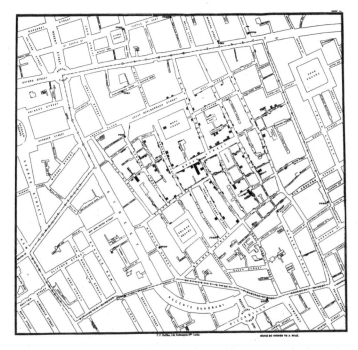

伦敦百老汇街附近的霍乱流行情况，黑块代表因病死亡的患者的位置。

斯诺发现，他们全都住在伦敦的同一个区域，也就是百老汇街周围。他根据直觉判断，百老汇街的水泵被霍乱污染了，与之相关的所有用水者都得了病。只有那里的啤酒厂和贫民院的居民幸免于难，因为他们有自己的水泵。

有一个住在伦敦另一片区域的老太太也得了病，这个传闻故事最有力地证明了霍乱通过水传播。她每天用的水都是从百老汇街这个水泵里抽出来的，因为比起自己那边的水泵来，她更喜欢这边的水（她曾住在百老汇街这带）。

但真正的科学研究需要更严格的证据，斯诺也在这次疫情中完成了严谨的证明。虽然他自己并未察觉，但他做的是有史以来第一次双盲实验。双盲实验指的是研究者和患者都不知道患者在哪个组里（就这个例子而言，使用干净水和被污染水的患者属于不同的组）。斯诺认为，如果这种疾病的传染源是水，那么供水公司和染病概率之间可能有联系。所以，他重点关注了伦敦两家最大的供水公司——南沃克和沃克斯豪尔水务公司，以及兰贝斯水务公司。然后发现，前者在泰晤士河中取水的河段受污染的程度比后者取水的河段受污染程度更严重。不出所料，南沃克和沃克斯豪尔水务公司的客户死于霍乱的风险更高。这家公司为4万户家庭供水，其中有1 263个人死于霍乱。斯诺算出，每1万户家庭的死亡人数约是315人。兰贝斯水务公司供应的水干净得多，结果每1万户家庭里"只"有37人死亡。另一家更小的公司，切尔西水务公司取水的河段跟南沃克和沃克斯豪尔水务公司一样，但他们更小心地过滤了那些水，所以他们的客户中没有那么多人染上霍乱。

斯诺被说服了。他的所有研究都表明，霍乱通过被污染的水传播。他是对的，不久后，霍乱细菌被发现了。唯一的问题是，斯诺无法证明自己正确的概率有多大；换句话说，他只能说明霍乱相关的死亡与供水公司之间的确存在非常密切的联系。当时并非所有人都相信他的实验所证明的霍乱是由被污染的水引起的。直到1892年，仍有医生相信，霍乱通过土壤传播。斯诺本来可以借助一点点数学来证明自己正确的概率。当时他没有掌握这样的数学，这真的付出了生命的代价。

尼古拉斯·凯奇与溺亡人数

我们漏掉了什么？约翰·斯诺能用什么方法算出供水公司与死亡人数之间的关系有多密切？有一种办法我们已经介绍过了：就像希格斯粒子的例子一样，你可以算出，如果霍乱不是通过被污染的水传播，那么死亡数据出现如此差异（每1万户315人与每1万户37人）的概率有多大。这么大的差距可能是巧合吗？如果你假设霍乱是由某种完全无关的东西引起的，那么你将落在概率曲线的什么位置？是的，肯定是最底部的某处。如果这个结果完全出于巧合的概率很小，那么你可以肯定地说，死亡人数的差异源于水质差异。

还有第二个办法。想象一下，在一系列的疫情中，每次疫情中使用被污染的水的人数各不相同。报纸上说，南沃克和沃克斯豪尔水务公司供应的水有危险，于是用户全都改用兰贝斯水务公司的供水。然后你就能看到，这是否会影响罹患霍乱的人数。如果更多的人喝上了干净的水，死亡人数下降了，你就能用这些数据计算一下。

这样的关系——本案例中饮用被污染的水的人数与罹患霍乱的人数——被称为相关性。正如科学家们热衷于指出的，相关性和因果关系不是一回事。饮用被污染的水的人数与罹患霍乱的人数之间存在相关性，这并不意味着其中一件事是另一件事的结果。只要稍加想象，你就能发现很多事情之间的相关性。比如，尼古拉斯·凯奇主演的电影数量和在游泳池中淹死的人数。

　　看看这幅坐标图，你会发现，多年来，在游泳池里淹死的人数与尼古拉斯·凯奇主演的电影数量之间一直存在密切的关系。这是否意味着这位演员导致人们在游泳池里淹死？当然不是。但二者的确相关，我们希望能算出它们的关系到底有多密切。

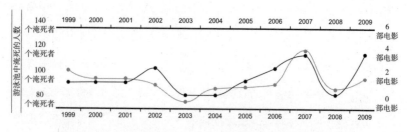

尼古拉斯·凯奇主演的电影数量与游泳池中淹死的人数相比图

　　从1900年开始，我们就能做这样的计算了。要计算多个变量之间的关系有多密切，例如尼古拉斯·凯奇主演的电影数量与游泳池溺亡人数，我们可以使用相关系数，这是一个介于–1和1之间的数。如果相关系数为–1，这意味着尼古拉斯·凯奇每出演一部新电影，游泳池溺亡的人数都会减少。这两条线完全互为镜像。相关系数为1的含义正好相反：尼古拉斯·凯奇出演的电影越多，溺亡的人也越多。除非尼古拉斯·凯奇出演的电影数量上升，否则游泳池溺亡的人数不会上涨。换句话说，这两条线完全同步。相关系数为0，则意味着这两件事之间没有丝毫关系。

即便是相关系数，也无法彻底排除所有无意义的相关性。这幅图里两条线的相关系数还是 0.666 6，表明二者之间存在相当强的正相关性。不过话说回来，这个结果也不是那么出人意料，因为这两条线的变化趋势都不大。尼古拉斯·凯奇不可能同时出现在 20 部电影里，幸运的是，游泳池溺亡几乎都是意外事件，人们不会在某一年突然比平时倒霉 10 倍。只要花上足够多的时间，你总能找到某些变化不大的东西。

所以，我们必须审慎地对待相关性。在这个例子里，尼古拉斯·凯奇并不是人们在游泳池里溺亡的真正原因。但有时候情况并非如此。根据《华尔街日报》上的一篇文章，游乐场地的安全性与儿童肥胖相关。这是否意味着现在我们应该带孩子去更危险的场地玩耍？维持安全会让你长胖？很可能不是，但有人注意到，游乐场地正变得越来越安全，儿童面临的肥胖风险也越来越高，于是他们在这两件事之间发现了很强的正相关性——报纸上的文章正是基于这一点。统计学很容易产生误导。

假新闻？用统计学扭曲世界

利用统计学，你可以轻而易举地呈现一幅被扭曲的世界图景。自从统计学诞生以来，这样的事情一直在发生：早在 1954 年，达雷尔·霍夫就出版了一本题为《如何用统计学撒谎》的书。这本书不光描述了奇怪的相关性，还介绍了数据可能造成误导的其他很多方式。

2017年年中，时任美国司法部部长的杰夫·塞申斯在一次演讲中说，美国正在成为一个越来越危险的地方。谋杀案的数量比前一年增加了10%，这是自1968年以来最大的增幅。塞申斯认为，这应该归罪于外国人，是时候用怀疑的目光审视每一个从国外来的人了，已经生活在这里的移民也不值得信任。

听起来很有说服力，不是吗？但是，和这个统计结果相反的是，现在美国比历史上的任何时期都更安全。谋杀案的数量之所以看起来上涨这么多，完全是因为现在谋杀案的总数量很少：10%的上升可以是比10个多了1个，也可以是比10 000个多了1 000个。美国的谋杀案数量已经下降到少量增加后用百分比来表示就显得很大的程度，就像塞申斯所做的那样。

塞申斯所说的10%也隐瞒了一些信息。其中近四分之一的增长是因为芝加哥的谋杀案比其他地方多得多（全国17 250起谋杀案中，芝加哥占了765桩，而美国最大的城市纽约只发生了334桩谋杀案）。美国的其他地区基本上比以前任何时候都更安全。数据是对的——塞申斯并没有空口白牙地撒谎——但他的解释是错的。精心挑选过的统计数据呈现出了一幅完全被扭曲的现实图景。

统计学扭曲现实的办法五花八门。如果你有兴趣知道我们现在过得是不是比以前好，你可能想弄清我们手头能花的钱是不是变多了。美国有这方面的统计。事实上，有两个统计口径。根据美国普查局搜集的官方数据，美国人的平均收入自1979年以来几乎没有任何上涨；甚至在很长时间里出现了下降的情况。所以，过去可能未必更美好，但也肯定不会更糟。

另一个统计数据不是来自政府，而是来自一个智库："人们手里能花的钱比1979年多了一倍，所以每个人都宽裕了不少。美国人从来没这么有钱过。事实上，收入几乎一直在上涨。"政府和这家智库描绘了两幅大相径庭的图景。那么谁是对的呢？

很可能是智库。普查局忘了一件很简单的事：他们用家庭平均收入除以每个家庭的平均人数，算出平均收入。但他们使用的家庭平均收入数据是2014年的，家庭平均人数的数据却和1979年一样。但在这段时间里，家庭变得更小了：独居和没有孩子的人变多了。有孩子的家庭能花的钱往往更少。所以，2014年的家庭平均收入理应除以一个更小的家庭平均人数。既然用来计算收入的家庭平均人数多于实际值，那么生活看起来没有变好也很合理。

有时候统计学就是很难理解。以男性和女性的收入差距为例。平均而言，富裕国家的女性收入只有男性收入的85%。这个数据听起来很明确，而且绝对不可接受。当然，这是个问题，但实际情况也许没有这个统计数据所暗示的那么糟糕。相对于从事同样工作的男性，这些国家的女性收入并没有低很多：实际上，她们的薪水是同公司从事同样工作男性薪水的98%。男女收入有别固然荒谬，但二者之间的差距并没有前面那个数据所暗示的那么大。

男女收入的差距并非来自同工不同酬。这个数据是基于所有男性和所有女性的平均收入算出来的。女性的平均收入更低，这是因为从事高薪工作的女性更少。大公司里升到高级管理层的女性更少，而从事护理等职业的女性更多，这些工作的收入低于以男性为主的某些职业，例如警察。所以，这里的确存在严重的问题，但事情并不是你只看平均收入数据时可能以为的那样。女性应该得到更多上升空间，比如改进对怀孕女性的待遇，以女性为主的职业应该有更高的收入，但幸运的是，同工不同酬出现得并不太频繁。

统计学之所以能这么轻易地扭曲世界，是因为它们常常靠平均数运作。收入增长数据是一个平均数，计算时涉及总的家庭数量和每个家庭平均人数。男女收入差距的统计也是平均数。平均数有时候呈现的并不是本质层面的清晰图景。男女收入差距实际上来自二者从事的不同工作，这不是一眼就能看得出来的。看看下页这四幅坐标图。四幅图的测量数据落在完全不同的位置，但根据这些原始数据算出的统计结果却完全相同。在这四幅坐标图里，用高斯和拉普拉斯的方法画出的最佳预测线完全一样。

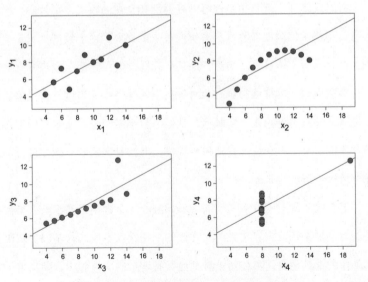

四组完全不同的测量数据给出了同样的预测结果

所以，在阅读统计数据时你必须慎之又慎。基本上你总能找到某个统计数据来证实自己的世界观。如果你认为过去就是更美好，那你很可能不会相信，我们现在挣得比以前多一半。不过幸运的是，官方的统计数据支持你的观点。或者你认为移民让你的国家变得不安全了？那么谋杀案上涨10%正中你的下怀。当然，这也适用于其他各种事情。如果一个人觉得男女收入差距纯属胡说八道，那么他可以引用统计数据来证明，在同一家公司从事同样工作的女性挣得几乎和男性一样多。即使他们说得对，这也并不是我们对真实存在的不平等熟视无睹的理由。

尽管这些风险的确存在，但平均数的确很有用。它们帮助我们快速理解复杂的情况。不然的话，你该如何清晰地了解富裕国家的男女收入情况？要一个一个比较所有人的收入，那工作量就太大了。我们需要借助平均数来获取对所有数据的整体印象，就像我们需要有一种方法来计算概率，做出预测。无论是预测收获，还是用GPS判断方位，或者把图片变得更清晰，这些预测都在数学的帮助下变得越来越准确实用。本章开头我们提到的民意调查就用到了这些数学。

不用挨个问每一个人

选举民意调查由来已久。距今一个多世纪以前，我们就知道了该怎么借助数学来预测投票结果，不必挨个儿去问每一个人。这个想法实际上很简单。假设你想知道，有多少百分比的人认为唐纳德·特朗普干得不错。比如说，可能有40%的人。但要弄清这件事，你不会去问每个人对特朗普的看法——这工作量太大了。民意调查背后的理念是，你可以询问一个比较小的群体，只要他们是被随机挑选出来的就行。如果每个人有同等的概率出现在这个小群体中，那么这群人里依然有40%的人会认为唐纳德·特朗普干得不错。换句话说，这个小群体很好地反映了全国的情况。

数学在民意调查中主要被用来计算调查结果有多可靠。你在选择调查样本时也许的确是随机的，但最后入选的人仍然有可能全是特朗普的支持者。你调查的人数越多，这样的事发生的概率就越小，调查结果也越准确。前提是所有条件都很理想，因为真正的随机选择很难达成。以1936年的美国总统大选为例。当时美国正处于大萧条的最后阶段，国家需要制定重大的经济决策。人人都想知道两位候选人里谁会获胜，是民主党的富兰克林·德拉诺·罗斯福，还是共和党的阿尔夫·兰登？一份颇具影响力的周刊《文学文摘》决定在自己的1000万订阅者中组织一次民意调查。1936年，美国总人口约1.25亿人，《文学文摘》的订户占了近10%。在这1000万人里，约240万人最终参加了投票。

不久后，该杂志发表了这次超大型调查的结果。其预测，兰登将以57.1%的选票当选。但是，当大选真正结束后，人们发现《文学文摘》的调查结果完全错了：罗斯福以60.8%的选票获得了压倒性的胜利，兰登只得到了36.5%的选票。问题出在哪里？尽管这次调查的规模如此庞大，但他们对样本的挑选却不是真正随机的。《文学文摘》

的样本基于电话目录、杂志自身订户以及俱乐部和协会的会员名单。在大萧条中，只有富裕阶层才承担得起电话、订杂志和参加俱乐部的费用，这些人也更可能投票给共和党。所以，《文学文摘》的调查对象主要是那些会给兰登投票的人。

近年来，我们再也没有见过这么大规模的调查错得如此离谱。2016年的美国大选民调结果完全错了，当时专家预测希拉里·克林顿有70%到99%的概率获胜。是的，但听起来可能有些奇怪的是，2016年的这次民意调查是自1936年以来最准确的几次之一；它其实不像看起来那样错得离谱。除了希拉里获胜的概率以外，民调还显示，希拉里将获得46.8%的选票，特朗普则将获得43.6%的选票。重要的是二者之间的差距只有3.2%。最后，希拉里实际上收到了48.2%的选票，特朗普得到了46.1%的选票。二者得票的实际差距是2.1%，比预测的略小一点。无论如何，民调正确地预测了希拉里得到的选票会比特朗普多。但特朗普最终得以入主白宫，这得怪美国选举系统本身的制度。

总而言之，有三个地方出了问题。首先，这次挑选的样本依然不是完全随机的。民意调查一直在随时间的推移逐渐改善，但接受过大学教育的人比没上过大学的人更倾向于接受调查。由于这些人更可能投票给希拉里，所以民意调查漏掉了不小一部分特朗普的投票者。就像1936年的情况一样，我们仍难以在调查中纳入穷人和受教育程度低的人。

其次，在那些选了特朗普的州里，你很难进行可信的民意调查。根据调查，宾夕法尼亚州、威斯康星州和佛罗里达州会投票给希拉里；他们以前都是这么选的。但在2016年，这三个州有很多人直到选举前一周也不知道自己会投票给谁，最终这些举棋不定的人几乎全都投了特朗普。任何民意调查都预测不到这个——在举行调查的时候，就连投票者本人都还不知道自己会投谁。

最后，有人就是不愿意说自己打算投票给特朗普。我们不知道他们到底是没有想好还是羞于承认。事实上，希拉里的支持者给出的回答往往就是清晰明确的。这也不是民调机构的错。你不能强迫人们在填写问卷时完全诚实。调查中唯一真正的误差是样本受教育水平的失衡。其他因素都是后来才浮现出来的。他们真正犯的错是没有预见到州宾夕法尼亚州、威斯康星州和佛罗里达州这三个州的反转。其他的都没问题。

这些例子表明，统计学绝不总是能完美描绘我们周围的世界。民意调查常常会出错，即便调查的方法被正确实施。平均数可能造成误导，风马牛不相及的事物之间也可能存在密切的相关性。所以，了解一点儿统计学很有用：这样你才能知道平均数是怎么算出来的，相关性仅仅意味着两幅坐标图看起来相似。统计学可以误导我们，但它也可以很有用。

我们已经看到，统计学可以用来计算某个检测结果呈阳性时你实际罹患癌症的概率，这个概率可能比你不去计算时以为的低得多。从这个角度来说，统计学能让你更好地把握不确定性。其他数据，例如平均数，能让你对大量信息快速产生一个大致的印象。对你来说，它是一种总结，但不能让你了解到全部的情况。我们没有那么多时间。比如，我们不可能阅读所有与经济有关的信息。在这种情况下，几个能让我们大致了解情况好坏的平均数就有用多了。

所以，理解数学的这个领域重不重要呢？就像微积分一样，你或许不需要在日常生活中使用它，但知道一点这方面的知识是有用的。毕竟，我们的大量信息来自民意调查和统计学。而这些数据可能以各种方式误导我们。司法部部长塞申斯通过对统计数据的巧妙应用，向他的美国同胞描述了一幅扭曲的国家安全画卷。民意调查可能出错，或有意或无意，原因在于他们挑选样本的方式。实际上，几乎所有科研领域都会运用统计学来确定自己的实验结果是否完全出于巧合。

从这个角度来说，统计学对我们的生活影响重大。怎么做对你的孩子最好？你该如何保持健康？下次选举的结果会是怎样？霍乱的病因是什么？计算机如何理解一幅图的内容？你的电子邮件服务商怎么知道哪封邮件是垃圾邮件？凡是需要处理大量数据的场合，我们都会运用统计学来赋予它们意义。这是目前我们分析所有这些数据的最佳方式。所以，统计学对我们的生活才有这么大影响，而且影响还在继续扩大。你读到的每一条数据背后，都有统计学计算。想想你在媒体上看到、听到平均数或百分比的频率。统计数据不是你可以不加甄别一股脑儿接受的事实，它们有自己的来源。只要理解了这些数据是怎么计算出来的，它可能会在什么地方出错，你就更能以批判的眼光去看待它。

第七章

万物皆可"图"——认识图论

18世纪初，有个流行的关于柯尼斯堡的谜题，这座城市也就是今天俄罗斯的加里宁格勒。柯尼斯堡有一条河穿城而过，还有两座大岛。河上有七座桥梁，有的横贯在两座岛之间，有的连接着岛屿和大陆。下面的地图描绘了当时的柯尼斯堡。谜题如下：在这座城市里穿行，能不能每座桥只经过一次？

柯尼斯堡地图，标出了著名的七座桥

解决这个谜题的办法之一是大量尝试在城市中穿行的不同路径，但这需要花费很长时间，而且莱昂哈德·欧拉——我们在前面的章节中介绍过他——在1736年已经证明了这个谜题的答案是：不能。这只是欧拉的成就之一，他还发明了许多新的数学概念，包括正弦、余弦和正切。哪怕在他逐渐丧失视力的时候，欧拉仍在继续思考数学。他还说，眼盲让他更能专注于自己的思维，因为少了干扰。

　　欧拉认为，要解开这个谜题，更简单的办法是忽略所有无关信息。例如，柯尼斯堡的地图与问题无关，有关的只有桥。所以他把这些桥画成了线，岛屿和大陆则用圆圈表示。除非两座桥连在同一个圆圈上，否则你不能从其中一座桥直接走到另一座。欧拉为柯尼斯堡谜题绘制的示意图正是我们如今所说的图论中的"图"。令人迷惑的是，这种图跟你在学校里可能学过的那种由轴和线组成的坐标图不太一样。在这一章里，图指的是下面这种示意图，数学家用它来研究网络。

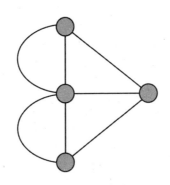

柯尼斯堡的七座桥被描绘成了一幅图

　　你在图中如何行进并不重要——无论是起点等于终点的回路，还是从某个地方开始，走到另一个地方结束。重要的是，每座桥你只能经过一次。如果你走了一条回路，那么必然至少有两条线通往你的起点和终点，因为你不能两次走同一条线。如果起点不等于终点，那么必然有一条线始于起点，一条线能抵达终点。

在起点和终点之间，你从一个圆圈走向另一个圆圈，通过一座桥到达，再经另一座桥离开。因此，在中间的每一个站，你都要走过两条线。你既不能同时经过两座桥，也不能乘船绕开一座已经走过的桥。

如果将所有这些因素纳入考量，你会看到，要走过所有七座桥，可能的情况只有两种。如果你走的是回路，那么图中每个圆圈连接的线必然都是偶数：每个中间站连接两条线（也可能是四条或六条，取决于你是否会通过不同的桥梁多次抵达同一个圆圈），起点/终点也是两条。如果你是从A点走到B点，那么你需要两个拥有奇数条线的圆圈：起点和终点。中间的每个圆圈依然需要偶数条线，但起点和终点都只要一条线，你通过它们离开和到达，所以与这两个点相连的线是奇数条的。

如果你很难在脑海中描摹这个过程，那也无关紧要。重点在于，欧拉得出结论，要走过所有桥梁，唯一的可能性是，拥有奇数条线的圆圈不超过两个。鉴于柯尼斯堡有四个圆圈拥有奇数条线，所以你在城市中穿行的时候不可能每座桥只经过一次。无论你多么努力地尝试都做不到。

你可能觉得，这一切在你的日常生活中没有太大用处。但是，正如概率论的发展始于游戏，图论也是从这个谜题开始的。欧拉第一个想出了这样的主意：用圆圈和线把问题描述成更抽象的形式来解决。如今，这个理念已经被谷歌地图用来规划路线。

单行道

在柯尼斯堡,你是从地图最下方出发,一路向上,还是反其道而行之,这都不重要,因为桥梁是双向通行的。但在某些情况下,你走的方向非常重要——例如在一个有单行道的交通系统里。这样一来,简单的线就不够用了;需要有个箭头来引导你可以怎么走。比如在曼哈顿,几乎所有街道都是单行线。如果你想用数学方法来思考该怎么在纽约开车,就必须考虑这一点。如下图所示,曼哈顿的街道平面图大致是这样:这里的圆圈代表单行道之间的交叉路口,街道则用箭头表示。你可以看到,你可能会被困在左下方的路口,因为没有哪条线能让你离开这里。这幅图没法作为街道的示意图,至少不适合那些永远遵守交通规则的人。

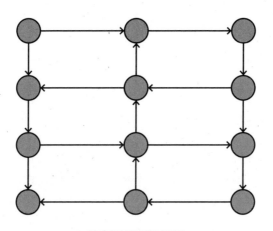

曼哈顿的街道平面图

　　如果删掉最左列的所有交叉口，你就能到达并离开每一个路口了。水平方向和垂直方向的路口数量都是偶数，这幅图就没问题了。然后，正如你能在图中看到的，你得到了一条完整的回路。原来的街道图之所以让人行不通，是因为最左边的回路不完整。所以你既不能抵达左上角的路口，也不能离开左下角的路口。右上角和右下角的路口没有问题，因为回路完整。数学家可以轻而易举地向城市规划者证明，怎样的规划是有效的，所以规划者在思考如何设计一套实用的街道规划方案时可以节约一点时间。

　　当然，谷歌地图也需要箭头。要计算一条路线，这套系统必须知道某条街道是不是单行线。同样重要的是，它还必须知道是否会有堵车从而影响交通，无论在哪个方向上。如果快车道一侧排起了长队，另一侧通畅，谷歌地图就只需要增加堵车那侧车道的通行时间。如果你很幸运，走的是对面的方向，你的行程时间会保持不变。在这些情况下，箭头可能很有用：计算机只需要在堵车的方向标一个箭头，相应的路况、时间就会被纳入计算。

　　在谷歌地图上，数字和箭头分别代表行程时间和道路。你可能还记得我们在第一章讲过，有了这两个参数，你就能算出路线，不必去查真正的地图。我们介绍过一个寻找最短路线的简单计算方法：计算机以长度为序，跟踪所有可能路线，直到它找到前往指定目的地的最短路线。在找到这条路之前，它还需要跟踪所有更短、但通往错误目的地的路线。这种计算方法被称为迪杰斯特拉算法。

　　在下页的示意图里，迪杰斯特拉算法被用来寻找从左下角的星号到右上角叉号的最短路线。为了看得更清楚一点，整幅图用方块而非圆圈的形式呈现。你可以想象，每个方块与相邻方块之间有四条带箭头的线。换句话说，你只能从一个方块沿水平或垂直方向前往另一个方块。标黑的方块代表一条河，或者汽车不能通过的其他障碍。每个标有数字的方块都是可能的目的地，算法必须对它们进行查验，数字代表到达该方块需要的步数。标浅色的方块代表计算机在所有可能的路径中识别出来的最短路线。

　　和往常一样，迪杰斯特拉算法非常系统化地算出了这条路线。首先，计算机检查所有只需要走一格的路线。它们在图中标上了 1。然后它继续检查标有 2 的所有路线。它花了很长时间才抵达叉号（22 步以后），因为比 23 步更短的路线实在太多。计算机计算了所有这些路线，哪怕它们的终点并不是指定的目的地。这就是迪杰斯特拉算法的问题：计算机需要完成大量计算才能找到正确路线。

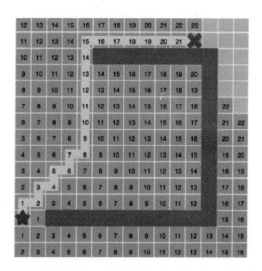

这幅图标出了用迪杰斯特拉算法计算出来的小于 23 步的所有可能路线

可行的道路数量越多，目的地越远，它计算路线花费的时间就越长。所以谷歌地图并未采用这种算法。和很多同类公司一样，谷歌到底用的什么程序，这是个秘密，但我们可以合理地猜测一下，因为我们的确知道哪些方法在寻路方面最受欢迎。其中一种是 A*（A星）算法。A星算法类似迪杰斯特拉算法，它也会计算所有最短的可能路径。但A星算法还会估算前往目的地的距离。

这样的估算并不难。虽然计算机看不到完整的图，但只要给一点额外的信息，它就能往前"走"很远。比如，谷歌地图知道你的起点和终点的坐标。每一度纬度之间的平均距离是111千米，而经度之间的距离从赤道处的约111千米到两个极点处接近零的距离不等。所以，只要计算机知道路线起点和终点之间的经纬度差，就能估算二者之间的距离，以及你抵达目的地需要花费的时间。这样的估算完全不考虑道路的数量、限速、堵车之类的因素。所以，毫无疑问，谷歌地图的估算方法肯定更好。我们不知道它具体是什么，但它背后的理念和A星算法不会有太大差别。谷歌地图在开始数学计算前先巧妙地估算了一条路线需要花费的时间。

A星算法背后的数学技巧是，它不光会考虑已经走过的距离，还会估算剩下的距离，在此基础上它只会考虑这两个值之和尽可能小的路线。这会带来巨大的差别。下图描绘了A星算法如何优于迪杰斯特拉算法。如你所见，计算机查验的可能路线数量少了很多。

在这个例子里，A星算法估算的22格十分准确，这的确就是最短的路线。它完成这个估算使用的数学方法和我们用经纬度估算距离的方法差不多：它用终点的坐标（底线起第14格，左线起第12格）减去起点坐标（底线起第3格，左线起第1格），再把两个差值加起来，即（14–3）+（12–1）=22。利用同样的办法，我们也可以在中途计算前往目的地还剩下多少距离。

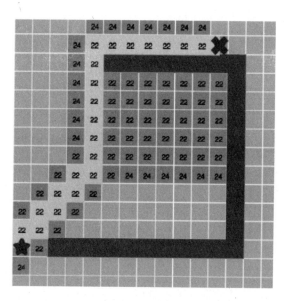

利用 A 星算法算出的同一条路线

　　计算机首先会检查大量行不通的路线。例如沿河的路线，如果河上有一座桥，走这条路可能会更快到达目的地。尽管如此，A 星算法仍明显快于迪杰斯特拉算法。这幅图的右下角没有格子，那是完全错误的方向。这是因为那片区域很难到达，算法必须从起点出发走很多步才能抵达那里，所以计算机不得不猜测，那里离目的地太远。方向完全错误的路线的两个参数（已走距离和剩余距离）之和太大，所以 A 星算法不会考虑它们。

　　A星算法会持续寻找前往目的地的最短路线，只要它估算的距离不大于实际的最短路线。在这个例子里不会发生这种情况，但要是它使用一种更复杂的方法，而不是仅仅用坐标相减，就存在估算值过高、找不到最短路线的风险。在这种情况下，算法可能会走一条很绕的路，最终出乎意料地抵达终点，这条路实际上可能比过高的估算值短得多。比如说，探索可能路线的时候，它可能会在大量支路（算法没发现这是支路）中选择一条弯弯绕绕的路线，结果正好走到了目的地。计算机无法预测这个，因为按照过高的估算值，它离终点还远着呢。

　　尽管有这个缺陷，A星计算仍比迪杰斯特拉算法好得多，因为在规划长距离路线时，计算机要做的计算减少了很多。也有其他一些数学技巧可以加速这个计算过程。比如，计算机可以从起点和终点两个方向同时开始计算，直到两条路线会合。它会从起点出发计算第一步，然后计算从终点出发的第一步，接下来是起点出发的第二步，以此类推。利用A星算法，它可以估算两个方向剩下的距离。靠着这种智能编程，计算机甚至能算出穿过整个北美路网的高效路线。

　　用北美路网做的一项实验展现了这两种方法之间的差别有多大。整个北美路网由21 133 774个圆圈（路口）和53 523 592条连接线（公路）组成。迪杰斯特拉算法平均需要经过6 938 720个圆圈才能找到一条路线，而双向的A星算法靠估算缩小了路网图的搜索规模，最终"只"查验了162 744个圆圈就找到了最短路线。

　　这种初步的预估非常重要，现在这个领域正涌现出最有创意的革新。

例如，应用广泛的"高速公路分级"法大大简化了路网图，以至于连一台普通的计算机都能在千分之一秒内算出穿越欧洲路网的最短路线，要知道，这张路网的原始图上有 1 800 万个圆圈。这种方法正如其名：长途旅行的最短路线很可能就是高速公路。如果只走乡村小道，这会大大增加你从巴黎开车前往罗马的旅途时间，所以聪明的计算机会忽略这种路线。它只会寻找从起点和终点通往高速路的低等级道路。

计算机事先并不知道哪些箭头是高速公路。"高速公路分级"法面临的主要挑战，是在没有人提前标记的情况下确认哪些路是高速路。这个任务完全可以自动完成，只要检查计算机在原始地图上计算最短路线时最频繁遇到的是哪些路就行。乡道不会太频繁地出现在最短的长距离路线上，所以计算机会忽略它们，只留下更重要的道路。"高速公路分级"法背后的理念是，高速路有大量人使用，这意味着，计算机可以忽略成百上千万个不重要的圆圈和箭头，大幅精减需要计算的路线数量。

我们回到从巴黎到罗马的路线上，计算机首先会检查该如何从巴黎的起点前往最近的高速公路，然后，因为它是从两头同时计算路线的，在罗马的目的地那边它也会做同样的事情。只要找到高速公路，它就可以忽略其他所有道路，继续计算，直到从两头出发的路线在高速路上相遇。通过忽略高速公路以外的所有道路，计算变得简单多了。这样一来，一系列数学理念——从基于坐标估算行途长度到基于路线被调用的频率识别高速公路——让我们得以在极长的距离上计算路线。

互联网上的旅程

我们每天都要和这样的图打交道，不光是使用谷歌地图出行的时候，也包括不移动的时候。你每次搜索什么东西的时候，谷歌都会使用它们。你看到的链接主要基于谷歌自己所做的旅行——在互联网上。这些旅行大幅改善了搜索引擎的功能。正如我在引言中所说，在谷歌出现之前，搜索引擎甚至找不到它们自己！

如何利用数学找出最重要的网页，谷歌的创始人解决了这个问题。他们首次把互联网视作一幅巨大的图，网页通过超链接彼此相连。比如，在维基百科上，你可以从一个页面跳到另一个页面，相当于在互联网上旅行。如果你在旅途中不断回到同一个页面，那它一定很重要，因为它在点击列表上的排序很高。因此，谷歌花费大量时间在互联网上旅行，查验你的搜索终点在哪里。路线尽头是维基百科的概率，要远高于终点是某个只有一张比尔·克林顿过时照片的无名网站的概率。

当然，谷歌是利用数学计算完成它的旅行的。这是一件好事，因为这大大增加了它标出的重要网站的可靠性。如果你只是随机在网上浏览，那你有不小的概率卡在某个地方，也许是一系列阴谋论网站。这些网站彼此相连，但作为信息源，它们的重要性肯定不及维基百科。谷歌的计算还会确保你能看到其中的区别，如果你只是随机在网上冲浪，那你并不是每次都能看出蹊跷。这样一来，大部分搜索不会指向阴谋论，而是通往准确的信息。比如，一项近期研究发现，谷歌对事实意义上更准确的新闻网站排序更高。

想象一下，下面这幅图代表整个互联网。圆圈里的字母代表网站。比如说，B可能是维基百科，一个被其他网站大量引用的可靠信息源。数字代表每个网站在谷歌判断体系中的重要程度；谷歌必须计算这些分数。高分意味着这个网站很重要，低分则代表如果你想访问这个网站，那你真的需要对它多加了解。至少谷歌是这样认为的。

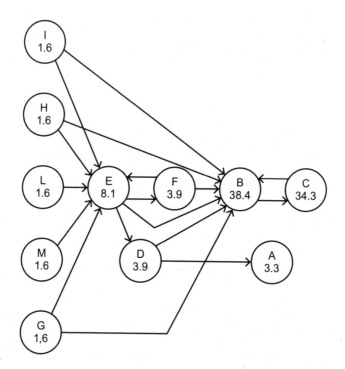

谷歌眼中的互联网

你通过假装自己真的在整个互联网上旅行来计算这些数字。你通过链接，也就是图上的箭头，从一个网站前往另一个网点。你在网站I上读了点儿东西，然后前往网站E，然后又途经网站F，最后抵达了网站B。

在这个例子里，几乎所有路线都通往网站B（维基百科），所以它的分数很高。你很快发现自己来到了它的某个页面上，而且理由充分。

维基百科本身又引用了另一个网站C作为进一步的信息源。虽然网站C只与维基百科相连，但它的分数也很高，因为——尽管常常有人抱怨——如今维基百科相当可靠。只被一个网站引用的网站D分数就低多了。所以，重要的不光是有多少网站引用了你正在浏览的页面，还有那些网站的分数有多高。

现在清楚一点了吗？假设你必须在两个网站里选一个：一个维基百科上介绍"9·11"事件的页面，和一个围绕当时的袭击鼓吹阴谋论的页面。按照谷歌的方法，你应该先看看链接的数量。指向维基百科的链接数量庞大，但阴谋论网站背后的人花了很多钱来确保指向他们网站的链接更多。所以，大量几乎没有流量、没有根据的网站都设有通往这个阴谋论网站的链接。这是否意味着现在维基百科突然变得没那么重要了？——完全不是。谷歌不想让人们花很多钱来确保他们的阴谋论网站排在"9·11"事件搜索结果的第一位：谷歌用户想看到的是最可靠的信息，而不是花钱顶上去的信息。谷歌可以将引用某个特定页面的网站的重要程度纳入考量，借此部分保证这一点。你没法花钱在BBC（英国广播公司）的网站上放一个通往阴谋论的链接，这使得在谷歌的判定中，BBC网站链接的权重远高于那些花钱就能放上去的网站链接。

但我们实际上并不是这样使用互联网的。你上一次通过点击链接一个又一个地访问50个网站是什么时候的事情？大部分情况下，如果你想上脸书，你只需要输入网址就行。通过链接前往那些知名网站实在太麻烦了。谷歌也不会经常这样做。有时候，它在计算时会直接转到某个网站。同样，你可能也会突然从维基百科跳到脸书（在示意图里就是从B跳到E），因为你忍不住想看看朋友们有没有发新动态。你在地址栏中输入脸书的网址，而不是沿着网站上的链接——图中的箭头——一步步前往脸书。在计算中，计算机使用网址而非链接（跳到一个随机的圆圈，而不是沿箭头前进）的概率大约是$\frac{1}{6}$。这没有完美模仿我们的行为，但这$\frac{1}{6}$的概率准确地反映了那些网站相对的重要性，同时并未太多拖慢计算速度（这个概率值越低，需要的计算时间就越长）。

最后我想说的是，这实际上不过是一大幅需要填上数字的拼图。如果你通过网站B前往网站C，那么网站C就会得到更高的分数，因为来自网站B的链接使它的权重更高。如果你从网站C回到网站B，那么网站B也会得到更高的分数，因为通往网站B的链接之一变得更重要了。这又会提升网站C的分数，如此继续。幸运的是，分数值不会没完没了地一直升高。这可以从数学角度证明，到了某个特定点，分数就不会再变。谷歌通常会在大约50次计算后停止。换句话说，对于每一个能用谷歌搜索引擎找到的网站，它都会计算50次分数！只有算完50次以后，分数才不会再变。

所以，这里的数学是这样运作的：你通过链接在一幅图中旅行，时不时输入一个网址随机访问一个不同的网站。最重要的网站拥有大量来自其他重要网站的链接——也就是，你在互联网上旅行时经常看到的那些页面。事实证明，这套机制不仅在网站运转得好，在其他情况下也运转得很好，例如寻找你可能会喜欢的电影。

影片推荐的底层逻辑

网飞用同样的算法为用户推荐新的影视剧。我们不清楚确切的细节，因为网飞和谷歌一样对自己的算法讳莫如深，但它的计算机很可能也是根据你穿行于其中的一幅图来获得它的推荐结果。你可能想找一些很不一样的东西，也许是因为你看到了一部电影的海报，或者哪个朋友极力推荐。网飞根据你的选择尝试理解你的口味。它把你归入几个标签，然后基于这些标签做出推荐。所有这一切背后的数学算法和谷歌使用的算法完全相同。回想第一章，我们讲过你看了《钢铁侠》以后会发生什么。网飞会利用它所知的其他所有观众的信息，了解他们在看过《钢铁侠》以后又看了什么，有多少人在观看《钢铁侠》以后又看了《钢铁侠2》。如果人数很多，那么《钢铁侠2》就是个好的推荐结果，它会给这部电影打个很高的百分数，表示它类似你已经看过的那些影视剧。《蓝色星球》不会得到这么高的分数，因为既爱看动作电影又爱看自然纪录片的人远没有那么多。

从数学的角度来说，网飞和谷歌之间几乎没有区别。网飞的算法模拟人类行为。它假设你很可能会看大量和你口味相同的人已经看过的电影，正如谷歌假设被大量重要网站引用的网站也很重要。如果一部电影和你看过的其他很多部电影相似，那么你会喜欢它。如果你时不时想冒险一下，看点儿完全不一样的东西，试试自己喜不喜欢，那么数学算法不会直接推给你相似的影视剧，而是跳到图上完全不同的另一个地方。

所以我们看到,为了寻找互联网上最重要的信息而发展出来的数学知识,也能被用来寻找符合用户口味的影视剧。这两个任务都需要消耗大量算力。网飞有大量的影视剧,它们都得有个分数。和谷歌一样,这些分数必须经过反复计算,而且每个用户看到的分数不尽相同。网飞的计算试图确保它推荐的影视剧的确符合你的偏好。

但这种方法并不是每次都管用:网飞不能给你推荐一部完全不同于你观看记录的影视剧。换句话说,它不能真正给你带来惊喜。它计算推荐结果的方法是检查那些和你的观看记录最相似的电影,而不是你可能也会喜欢的全然不同的东西。数学做不到这一点:它对电影一无所知。

用数学更有效地治疗癌症

喜欢用图来工作的不仅仅是那些大型互联网公司。医院也会利用它们,比如用来预测某种特定疗法对治疗癌症的效果如何。每个患者的疗效不尽相同,部分缘于基因差异;但事实证明,利用和谷歌、网飞同样的算法,我们可以相当准确地预测这种差异。运用这种算法以前,医生对病例判断的准确率是60%。当他们在2012年的一项研究中开始使用图论以后,成功率一上来就达到了72%。这是个巨大的进步,否则有的病人可能就会在无效的疗程上浪费宝贵的时间。

对癌症治疗的预测基于一小组基因。在引入数学以前,挑选这组基因基本靠蒙。每位研究者选择自己想要研究的一组基因，它往往和其他同行选择的基因完全不同。谁也不知道到底哪些基因最重要，考虑到基因的数量如此地多，你几乎不可能做出有依据的选择。更难的是，研究者们要找的是那些在接受特定治疗后会展现出不同行为的基因，但有的基因会通过影响其他基因的行为来实现这一点，它们自己却不会出现可见的变化。因此，重要的基因可能从研究者眼皮子底下溜走。鉴别哪些基因在接受特定治疗后会发生明显变化，这是一项棘手的工作。

在大量信息中寻找某些特定的东西，这正是谷歌和网飞在做的事，一群研究者想了个主意——用同样的算法来研究基因。所以，他们基于那些研究基因如何改变自身行为、如何互相影响的实验设计了一幅图。圆圈代表基因，圆圈之间的线代表它们对彼此的影响有多大。

这里有一个小地方和谷歌、网飞不太一样：研究者并未赋予所有基因相同的初始分数。它们的初始分数基于其他一些探索基因与患者生存率的研究。比如，一个非常活跃的基因可能有助于对抗癌症，因此它会得到一个很高的初始分数来提示它的重要性，以便引起医生的关注。接下来这幅图的工作机制与谷歌、网飞完全相同：一台计算机挨个查验每一个基因，检查在将基因的相互作用纳入考量以后，它们的分数将如何变化。

通过不断地重新计算分数，对患者生存率以及患者对该疗法的反应影响最大的一小部分基因最终会浮现出来。因此，这套算法通过处理关乎基因重要性以及基因之间相互影响的所有信息，最终找到了那些对治疗癌症的影响最重大的基因，无论这种影响是直接的还是间接的。数学创造了一种将所有关于基因的知识纳入考虑范围的全局视角，比2012年以前的其他方法简单而又准确得多。从这个角度来说，数学可以挽救生命，即便它并不是为了这个目的而被创造出来的。

脸书、友谊和人工智能

再说最后一个案例，脸书也会利用这样的图来做计算：不仅可以对信息进行归类，也可以给你推荐朋友。归根结底，脸书知道谁是谁的朋友，它构建了一张巨大的图，来描绘每位用户，并将他们和他们的朋友联系在一起。如果以你为起点，在这张图上巡游，脸书就可以算出你可能会在现实中碰到谁。也许你会在一场派对上认识某个和你拥有大量共同朋友的人，这种事发生的概率很大。如果某个人的朋友圈和你重合，情况也一样。这有点不好量化，但我们不妨假设这个数大约是20。的确存在这样的可能性：你的某位朋友也许会将你和这些"中间朋友"里的某个人联系起来。换句话说，脸书不仅知道你认识谁，还知道你可能将会认识谁。

如果这令你不安，事实上，脸书知道的关于你的其他信息更令人不安：你给谁打电话，访问什么网站，等等。脸书试图从用户——以及那些从来没注册过脸书账号的人——身上搜集大量信息，这方面的故事很多，它可以用图分析这么多的信息。脸书给自己的搜索结果排序的方式和谷歌不一样，它用的是所谓的"神经网络"。实际上，人工智能的所有应用几乎都依赖于神经网络，从语音识别到过滤垃圾邮件，再到医疗诊断。它们还被用来优化定向广告。脸书正是利用这种技术给自己的用户分组，例如"很可能会在180天内买一台马自达汽车的人"。

神经网络，再加上海量数据，让脸书甚至在你自己做出决定之前，就知道你可能会买什么。这背后的理念是，图不光能让我们算出最重要的圆圈，我们还能利用它们来模拟自己的大脑。我们的大脑由互相联系的神经细胞组成，它们会互相发送信号；而神经网络是由圆圈组成的图，这些圆圈会通过相连的箭头交换数字。信息从一端输入，然后作为预测情报从另一端输出：比如说，你在脸书上的信息能够预测什么样的广告类别最适合你的喜好。这些图不是固定的谜题，等待你填入正确的数字，而是一个动态变化的整体，可以用来预测各种全然无关的事情。

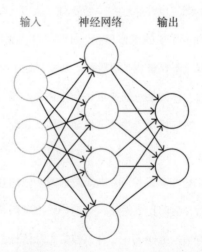

输入藏在输出背后：一张神经网络的缩微模型

正如上页示意图所示，神经网络是一幅图，但圆圈在这里扮演着不同的角色。左列是输入：和我们的大脑一样，信息从这里进入。对大脑来说，输入信息可能是一张照片或者一张脸，但在这些网络里，它以0或1的数字形式呈现。然后，这些数字——信息——在中列的四个圆圈里接受处理。左上角输入圆圈里的1在中列最上面的圆圈里可能会变成0.5，因为每个离开这个输入圆圈的数字都会被除以2。箭头会改变数字，就像神经细胞之间的连接会改变信息一样。这些连接的强度各不相同，所以有的神经细胞彼此的影响比其他的大得多——它们可能会将输入的数字乘以或除以2以上的数。就这样，算法通过一幅图模拟大脑的运作。

每个连接都会改变输入的信息，经过大量这样的中间步骤以后，信息抵达了右列的圆圈，即输出端。比如说，如果输入信息是一幅脸的图片，那么右边的两个输出圆圈可能表示一个问题：这人是男的还是女的？如果计算机确定他是个男的，那么代表"男性"的圆圈被赋值1，代表"女性"的圆圈则被赋值0。计算机如何得出这个结果——换句话说，输入信息到底怎么变成了输出信息——往往是未知的。

在很多案例中，这些中间步骤是计算机自己设计的。它会在解决问题的过程中修正图本身。这就是"训练阶段"，在此期间，计算机借助那些它已经知道答案的照片进行练习，从而提升自己解决问题的能力。这就是为什么我们经常说，计算机可以"学习"。它会改变圆圈之间的连接的值，即箭头旁边的数字。比如，如果左上角的输入圆圈代表照片中人的头发长度，那么这个因素最开始在计算中可能没有那么重要。此时这个圆圈和从它出发的箭头的分数都很低。在"练习"过程中，计算机可能会发现，头发长度是一个重要的因素，于是它会赋予从"头发圆圈"出发的箭头更高的数字。

这需要大量数据。面部识别需要大量照片，而且要完成训练，计算机必须知道每张照片里的人是男是女。刚开始的时候，计算机运转得十分随机。它不会识别第一张照片里的任何特征，但它的确会产生一个答案，然后拿来与正确答案做比较，在训练阶段，正确答案是判断的基准。基于这样的比较，计算机会做出一些调整，然后再开始识别下一张照片。如果这个过程重复的次数够多，一台计算机最终几乎总能给出正确答案。

比如说，有一台计算机终于在围棋上打败了人类。长期以来，这种桌面游戏对计算机来说都太难了，但那台成功的计算机在挑战人类对手之前，利用一张巨大的图跟自己下了成百上千万局围棋。它借助每场棋局如何获胜的信息修正这幅图。通过这种方法，它教会了自己围棋的规则，以及如何尽可能地提高棋艺。今天，一台计算机只需要三天时间，就能把围棋学到足以击败当前世界冠军的水平。

脸书利用同样的理念来弄清你是否有可能买一台马自达汽车。情报机构想利用这一理念来甄别罪犯和恐怖分子。中国正运用它建立一套社会信用体系，根据个人的行为赋予全社会每个人一个分数。其他可能的应用还有很多，其中某些应用相当令人警惕。比如，计算机可以通过一张照片确定某个人的性偏好。这样的预测还不完美，但的确能实现。这意味着它们很容易被滥用。

剑桥分析公司丑闻就是一个很好的例子。这家咨询公司利用脸书的数据预测人们的政治倾向，包括什么样的信息最容易吸引哪些人。说得再具体一点，他们弄清了该怎么说服人们投票给唐纳德·特朗普。这家公司也曾在2015年的美国总统候选人初选中为泰德·克鲁兹助阵，但结果并不理想。我们永远不知道，剑桥分析公司的工作对人们的投票结果到底产生了什么影响，但再明白不过的是，这家公司最开始就不该有机会拿到所有这些数据——在图论的帮助下，它可以用这些数据做更多的事情。

幕后的图

正如我们已经看到的，图无处不在。和统计学一样，它不一定直接出现在人们眼前，往往深居幕后。和积分、微分一样，我们不需要对图有任何了解也能使用导航系统，或者谷歌和网飞。所以，了解一点图论重不重要呢？我认为重要，因为人们使用图的方式可能对我们的生活产生重大影响。

在本章开头，我们看到了谷歌地图如何利用图来计算你前往目的地的最快路线。和积分、微分一样，这种应用对我们生活的改变不算剧烈。它们让某些事变得更简单，比如你不再需要阅读地图。但它们不会让我们追问更严肃的问题，比如我们是不是真心想要它。当然，我们想要一条尽快从A点抵达B点的路。如果图论让这件事变得更简单，那也挺好。作为用户，你真的不需要知道这到底是怎么实现的。

但要是谷歌、脸书和其他公司利用图论来给信息排序，或者借助神经网络做出决策，那就完全是另一回事了。在这种情况下，了解一点儿图论就变得很有用。比如，智能服务突然想读取大量个人数据。它们会用这些数据干什么？它们能从中找到什么信息？哪些步骤由人类控制？如果没有真人参与其中，又会发生什么？你只有对图论有所了解，才能真正回答这样的问题。

在很多事情上，了解图论有助于我们形成意见。谷歌和脸书常常把自己的用户装进"泡泡"，用户在这里接收到的信息往往只能印证自己已有的想法。作为用户，你必须付出额外的努力才能找到其他想法。谷歌和脸书不能就此做点什么吗？毕竟他们能接触到其他所有不同的观点。那些意见也发表在网上，我们为什么看不到？我为什么不能主动声明，我也想看看其他角度的观点？答案很简单，因为谷歌和脸书使用的数学算法不是为了这个目的被设计出来的。他们不能"简单地"修正算法，好让我们看到与自己感兴趣的主题有联系却全然不同的东西。

正如我们已经看到的，对谷歌和脸书来说，最重要的信息是最容易找到的那些，也就是和你正在寻找的信息最类似的东西。正如网飞无法推荐给你一部完全出乎意料却非常契合你观影偏好的电影，谷歌也无法提供跟你敲在搜索栏里的关键词相去甚远的信息。过滤假新闻并没有听起来这么简单，因为数学计算无法"看到"网站上到底有什么。当然，数学家可以努力实现这一点，但这并非一日之功。目前他们使用的数学无法轻松完成这个任务。

假新闻以及关于隐私和人工智能的顾虑已经成为重要的社会议题，它们全都基于图论所带来的可能性和局限性。所以，对这个数学领域至少有一定的了解才显得如此重要。如果你想就我们今日面对的这些重大社会议题发声，你就需要知道它们背后潜藏着什么，哪些解决方案切实可行，哪些不行。要是不了解图论，你就做不到这一点。

第八章

数学的终极之用

数学——请容我再说一遍——非常有用，而且非常有价值。在我们的日常生活中也一样，虽然我们往往意识不到这一点。但数学运转得如此良好，这是怎么做到的呢？我在第二章提过这个问题，当时我们还看到，你如何看待数学无关紧要——无论是把它当成一种抽象的形式，就像柏拉图洞穴之喻所表明的那样，还是把它当成夏洛克·福尔摩斯的大型系列虚构故事那样。在这两种情况下，数学的有用性都不是一眼就看得出来的。既然数学如此抽象，它又怎么能跟我们周围的现实产生联系呢？

要回答这类问题，最简单的数学往往有所帮助。所以，数字是怎么派上用场的？在遥远的过去，我们开始使用数字，是为了更精确地记录数量。我们之所以能完成这个任务，是因为数字的特性使它们能适用于各种情况。正整数简单而特殊：你从1开始，然后只需要不断往上加1就行。所以2不过是1和3之间的那个数。

从某种程度上说，我们数数的时候实际上是把1当成一个盒子，我们把第一样东西放在里面，2是装下一个东西的盒子，以此类推。你按照顺序把东西放进这些盒子里，好把它们分开，无论是一条条的面包，还是羊、硬币，或者其他什么东西。但并不是所有东西都能这样处理。试试数沙堆。在地上放一堆沙，然后在它旁边再放一堆沙。两堆沙子很可能都会往下塌一点，然后融为一体。你面前的沙子不再是分开的两堆，而是混合起来的一堆，只是变大了一点。一堆沙子加一堆沙子还是等于一堆沙子。这是否意味着"1+1=1"？不完全是，只是数字不适用于沙堆，因为它们不是独立的单元。你可以通过引入量词单位来解决这个问题。比如，衡量沙子的时候，你可以用升这个量词单位。这样一来，1升加1升等于2升，哪怕这些沙子全都混成了一个大沙堆。以单位这种形式来表达事物，你就能用数字来记录量。换句话说，数字的结构十分僵化，这很有用，因为我们在周围各种各样的地方都会遇到同样的结构。这并不是说你能用它们来做任何事情，因为数沙堆还是个难题。

　　回到我们的问题：数字是怎么派上用场的？它们帮助我们将周围的一切纳入结构。数字之所以有用，且易于应用，是因为它们帮助我们把注意力集中到结构上，从而忽略了其他所有在这一刻并不重要的细节。所以，数学不同于夏洛克·福尔摩斯的故事。故事对现实进行了非常合理的描述：比如，你可以借助故事对夏洛克·福尔摩斯那个年代的伦敦有一些了解。但它们没有提供抽象的东西。故事里没有任何结构能帮助你将注意力集中到某个特定属性上，就像数字让我们专注于量那样。

数学中的错误

要把我们在周围看到的东西组织起来，数学是一种完美的方式。所以你可以利用它来理解"量"之类的概念。这听起来很好，但有时候事情没有这么简单。一旦我们开始使用更复杂的数学，它很快变得不再反映与我们切身相关的现实，错误也开始偷偷溜了进来。比如，谷歌的算法假设从一个网站到另一个网站的每个链接都是积极的，不会有哪个链接把你带到一个充满了无稽之谈或者错误信息的网站。你不想让这样的网页出现在你的搜索结果里，但数学分不清真假：它只能基于这个链接赋予该网站额外的分数做出判断。这就像脸书在它的图里看不出哪些人是你真正认识的，哪些人只是你开玩笑加进好友列表里的。从数学的角度来说，你和脸书联系人列表里的所有人都是好朋友。

由于数学会简化情况，所以它肯定无法每次都提供完美的图景。以物理学的标准问题为例：有人朝着一座城堡开了一炮。炮弹会在哪里落地？数学计算会给出两个答案，一个正数解和一个负数解。炮弹要么落在你开火方向朝城堡前进100米的地方（正数解），要么落在反方向的100米外（负数解）。后者显然毫无道理——炮弹绝不会飞往炮口的反方向。

有了数字，我们可以很轻松地说数学有用，因为它把我们周围的情况完美地组织了起来。事实的确如此，只要你多注意自己正在数什么东西。如果你让它变得更复杂一点，现实世界与数学结构之间的差别就会悄然出现，数学计算会得出某些迥异于现实情况的结果。不过，哪怕在这种情况下，也有足够多的相似性来让数学发挥作用。因为我们都很清楚，炮弹不会飞往反方向，所以前面的计算结果还是能用的，只是需要排除掉负数解。

所以，这一切到底是怎么发生的？让数学有用的相似之处到底是什么？它可能包含多少错误？我们不知道。哲学家们正忙着讨论这些问题，等待他们达成共识绝不是什么好主意。所以，眼下我们这样说就够了：这些相似性有助于解释数学在实践中如何发生作用。数学以一些除此以外我们可能不会注意到的方式将我们周围的世界结构化。它让我们更容易忘掉细节，专注于眼前的实际问题。

这一切是巧合吗？

与现实的相似性——这是决定数学能有多大用处的重要因素。但这些相似性来自哪里？它们是凭空冒出来的，还是数学家努力让数学成为某种能为我们所用的东西？目前这些问题也没有清晰的答案。看看数学家们自己觉得哪些事情重要吧。阿基米德做出过各种实用的发现，他认为自己对球体、圆柱体和圆锥体所作的定理是其中最重要的。但这些发现显然没有实用价值。一个圆柱体需要削掉多少才能变成圆锥体？这有什么要紧的？你自己动手试试不就知道了。

数学家们通常不会考虑如何把自己的发现应用于实践。所以，数学如此有用，看起来几乎完全出于巧合；数字和几何的情况可能不是这样，但我们先前介绍过的其他一些数学领域肯定如此。正如我们在第三章中看到的，算术和几何最开始就是为了解决实际问题才出现的。人们生活的社群变得越来越大，伴随而来的是严重的管理问题。城邦必须寻求更高效的方式来收税、记录食物供给、制定未来的规划，数字能帮助他们解决这些问题。

但这些数字还是演化得很慢。在美索不达米亚，他们有石头代币，只要随身带上相同数目的代币，你就能方便地记住自己拥有多少货物。随着时间的流逝，代币演化成了泥板上的记号，这比一堆石头更容易携带。简而言之，我们开始使用数字是因为它们有用。这不是什么巧合，最早的数学运算非常实用。数学之所以有用，是因为它解决了生活中的难题。

几个世纪后，情况就没这么清晰了。各种文化背景下的数学家们开始研究"没用"的问题。他们之所以想解决这些问题，更多的是出于好奇心，或者为了提高自己的地位，而不是因为它们有用。直到现在，情况依然如此：我们非常重视那些"没用"的数学。我们清晰地铭记着古希腊人高度抽象的数学研究。几乎没人听说过尤帕里诺斯，那个挖隧道的人，但谁都知道最了不起的数学家毕达哥拉斯的大名。

不管数学家是因为什么产生了那些抽象的想法，它们都有可能被应用于实践。要弄清一个三角形是不是直角三角形，毕达哥拉斯定理很有用，阿基米德的很多工作也有众多直接的实际应用。其他一些更难的数学知识也是如此，例如微积分、概率论和图论；奇怪的是，纵观历史，这些数学分支的发展往往也不是出于偶然；

例如，牛顿和莱布尼茨清楚地知道，微积分会变得很重要。牛顿立即在自己的物理研究中用上了它。虽然刚开始很难，但他们依然可以直接应用自己的数学理论，因为他们的想法其实很简单：他们想研究变化。当然，我们也能看到自己周围到处都是变化。牛顿在自己的数学里也看到了变化，他想象自己正在一幅图中行走，这让他的想法变得抽象了一点，但同样重要。

一种计算变化的方法当然可以应用于实际，这意味着它的发展绝不像看起来的那么偶然。同样，概率论的研究始于被迫提前中止的游戏。这看起来和民意调查、疾病或者犯罪数字毫无联系，但它们背后的确存在间接的关系。数学家问自己，该如何计算你不确定的东西，如何用一种精确的方式处理不确定性。

我们每时每刻都会遭遇不确定性。所以，你如果知道一种计算不确定性的数学方法，就能用它来研究周围的世界。应用概率论并不简单。我们真的花了好几个世纪才能用它来做民意调查，并从数学的角度来计算调查的准确度。重点在于，这些应用不是巧合；数学家对不确定性产生了兴趣，并开展了这一方面的研究，然后才得到了最终能用来研究我们周围切实存在的不确定性的工具。不管是从没用的游戏还是其他什么地方开始，他们选择研究的主题本身就有这样的潜力。

图论甚至也是这么发展起来的。欧拉开创的这一数学领域就基于一个谜题：柯尼斯堡的七座桥。这个谜题本身几乎毫无实用价值：从数学的角度来说，你无法在这座城市的中心区域穿行，且每座桥只经过一次，知道这个有什么用？它背后的理念也不是一眼就能看出来的：散步似乎跟搜索引擎毫无关系——直到我们把这个问题放到更广泛的层面上看，这更像一种后见之明。欧拉研究的是网络，一种将不同的地点连接起来的方式。后来，我们在其他情况下也遇到了类似的网络。

尤其是在今天。社交网络是个显而易见的例子，但除此以外还有很多例子。交通网络也很容易用图论来研究。还有火车和地铁网络，这样就能制定时间表了。还有我们已经看到的，影视剧的网络，或者会互相影响对方行为的基因组成的网络。图论是对网络及其特性的普遍性研究，所以，它在实践中有如此广泛的应用依然不是巧合。

因此，数学家的抽象研究灵感往往来源于我们在日常生活中遇到的事情。所以这些数学领域能用来帮助我们更好地理解周围的世界，这不是什么巧合。数学为什么有用，这背后有很合理的原因。

数学带来的帮助

我们已经探讨了两个大问题：是什么让数学变得有用，以及这是否纯属巧合？但是，我们为什么应该以这种方式使用数学？正如我前面讲过的，并非所有事都必须借助数学才能干成。看看皮拉罕人和第二章中介绍的其他文化群落。他们可以在不使用数学的情况下很好地处理数量、形状、社会组织、变化等。如果有人向他们演示了如何制造机器，我敢肯定，他们也能学会所有必要的步骤，然后自己完成。归根结底，机器和建筑里没有数学。人们不需要借助数学也能做成很多事情，只是会难得多。

数学理念和现实之间结构上的相似性，意味着数学能让我们更简单地解决实际问题。数学简化现实。你只需专注于结构，不必掌握所有细节。我们看不出21条面包和22条面包之间的区别，但只要你把它们整齐地排成两行，立刻就能看到其中一行略长了一点。从本质上说，这正是数学给我们带来的帮助。

以天气为例。长期以来，我们预报天气并不会用到数学，现在我们也可以这样做。我们只需要非常详细地研究当前的天气，然后思考它可能发生什么变化。如果风从东边吹过来，而且我们看到那个方向正在下大雨，那我们可以相当确定，雨快要来了。但要跟踪所有微小的差异和改变非常困难；如此多的变化来得如此迅速，我们就是无法掌握，也肯定没有那么多时间。你固然可以把所有事情记录在一本大书上，然后花100年时间把它们全都弄清楚，但这对任何人都没好处。

数学帮助我们专注于天气最重要的方面，例如气流以及它们随时间如何变化。当然，我们可以把这些计算交给计算机，这也有帮助，不然我们还是没办法用公式来做天气预报。我们之所以能预报天气，这得感谢微积分。要是没有它，即例是计算机也无法预测天气。

所以，数学帮助我们的方式是把复杂的事情变得简单。你之所以会使用某种数学方法，是因为数学和现实的结构之间存在相似性。多亏了这样的相似性，你才能忽略现实世界中的细节。你可以让时间停滞，然后慢慢审视天气的所有细节。或者你可以忽略人与人之间的所有差异，只专注于平均收入或政治偏好。这让问题变得好解决多了。

本书中讨论的很多数学正是这样运作的。但有时候，数学发挥的作用也表现在其他方面：它可能带来新的解决方案。我们在第一章中看到了这方面的一些例子。

数学常常给物理学领域带来惊喜。科学家保罗·狄拉克和奥古斯丁·菲涅耳在算出意料之外的结果后做出了新的发现。和炮弹的例子一样，他们关于粒子和光的实验得出的结果看起来不可思议，但这些结果后来被证明是正确的。数学比我们所以为的更契合现实；它甚至向我们揭示了我们自己还没注意到的事情。

我们不知道怎么会发生这样的事。数学为什么运转得这么好，这是个未解之谜。事实上，如果它真的这么有用，那我们不应该仅仅是走运而已。数学如何简化问题，我们已经看得比较清楚了，但它如何帮助我们发现新的理论，为什么看起来很奇怪的结果有时候会导向新的发现，这些问题的答案远没有那么明确。但这丝毫不会削弱数学的特殊性。

在我们的日常生活中也一样

这些新发现通常出现在科学领域。大多数人可能都不会频繁使用数学，所以没机会亲自见识数学预测的奇怪结果。但即使我们亲自用到数学的机会不多，数学在我们的日常生活中也很有用，因为它让我们周围的世界变得更容易理解。我们离开中学后就不再需要使用微积分，和所有那些我们花费了太多时间盯着看的公式一样，如果够幸运的话，我们几乎永远不会再看到它们。就连我都不需要使用它们，而且我还是个数学哲学家。所以，即使如此，为何我还要一再强调，我们需要对数学有一定的了解？

经常间接地与我们发生关系的事物绝不止数学一种。想想汽车发动机和政治，这二者对我们的生活都有重大影响。如果没有轿车，四处活动对我们来说会难得多，而要是没有卡车和小货车，我们购买、使用商品会变得更麻烦。政治也一样。笼统地说，我们大部分人不会直接接触政治，但政治决策影响着我们每一个人。汽车发动机和政治对我们的生活有着间接但深刻的影响。但是，这是否意味着我们必须知道它们如何运作呢？

对汽车发动机来说，这样的想法有些疯狂。汽车司机不需要知道他们的车如何运作，他们唯一需要知道的是车能开就行。一台不一样的发动机并不会给你的生活带来太大改变，比如，从汽油车换成电车。你的车一直往前开，经济也一直在运转。它可能更环保，但没有本质上的区别。

对政治而言，情况就不一样了。小一些的变化，例如一项新的法律是否通过，也会影响到我们的日常生活。所以，我们在学校里都会学习政治体系如何运作。虽然政治有时候可能看起来距离你的日常生活十分遥远，但了解一些政治的运作机制显然十分重要。你固然不会每天跟政治打交道，但这并不意味着了解政治的运作机制就不重要。

数学也一样，尽管数学的不同领域之间存在差异。那些特别理论化的学科，例如集合论，几乎和日常生活完全无关，所以我在这本书里没有提到它。但即便是我们经常应用在实践中的那些数学领域，它们之间也存在巨大的区别。积分和微分十分重要，但它们更像汽车发动机，而不是政治。如果数学家想出了另一种办法来计算变化，这不会带来多大的问题。甚至还有使用积分和微分的其他方法，但最终用什么方法并不重要。反正它们总会得出同样的天气预报，建好同样的大楼，对选举结果做出同样的预测。重点在于，这种方法有用。至于它具体怎么运作，我们不需要想太多。

积分和微分的应用如此广泛，了解一点也没什么坏处。我们在很多地方都会遇到微积分，它在今天这个社会的发展中扮演着非常重要的角色。正如我在第五章中说过的，它和历史这门学科有些相似。知道你周围的世界从何而来，为什么事物会呈现出它们现在的样子，这很有用，因为这能给你提供一个更好的视角看待社会。积分和微分也一样。微积分是历史上最有影响力的思想成就之一。所以，哪怕微积分计算的具体细节在我们的日常生活中没有什么直接的重要性，了解一点微积分也很合理。

从另一个方面来说，统计学对我们的日常生活的确有重大影响。平均收入涨幅的计算方法可能极大地影响计算结果，进而影响我们心目中的社会图景。同样的事情也发生在民意调查、男女收入差距以及科研结果的计算中。统计学可以让海量数据变得更容易理解，从而极大地帮助我们，它还能让我们看到自己可能没注意到的联系。问题在于，统计学很容易被有意或无意地用来扭曲我们看到的世界。

使用哪种方法，民意调查如何进行，基于什么数据计算平均值，这都会影响我们对世界的看法，进而影响我们做出的决定。因此，要形成我们自己的意见，有能力用批判的眼光看待统计学很重要。要实现这个目标，数学知识至关重要。不是为了亲自计算，而是为了理解它有哪些地方可能出错。统计学在我们日常生活中的价值大得难以估量。

最后是图论。它也对我们的生活影响重大，因为谷歌和脸书这样的公司用图来决定我们可以看到的信息。正是这个原因，图论的侵略性比统计学强得多。如果谷歌改变了使用图的方式，这可能意味着你会看到完全不同的信息，你可能因此被误导，甚至完全搜不到任何信息。正如我在第七章提过的，谷歌和脸书会把用户装进特定的"泡泡"，确保人们主要接触的都是想法、偏好和自己相似的人。

图论揭示了我们如何通过谷歌这样的网站获取信息。至少同样重要的是，我们看到了自己反馈的信息会得到怎样的处理。谷歌、脸书和其他互联网公司能用他们搜集的所有这些个人数据来干什么？谁会查看这些信息？这个过程中有哪些部分是非人工、全自动的？这些都是大众十分关切的问题，如果你真想知道答案，就需要理解它们背后的数学。然后你才能讨论什么是可能的，什么是不可能的，人工智能到底如何运作，危险潜藏在什么地方。

谁有足够的业余时间来做这些？检查每天碰到的每一个数据，时刻关注人工智能所有最新进展，同时还要维持正常生活？谁也做不到，也不需要这样做。只要理解了最基础的东西，你就能走得很远。这足以让你批判地看待某项研究或者某次民意调查出人意表的结果，深入思考智能服务搜集数据的界限。因为，你只需掌握一点点数学知识，就能更好地理解他们会用这些数据干什么。

　　数学，当然包括其中比较难的部分，让我们能以更深刻的眼光看待周围的世界。你在日常生活中可能很难遇到任何实际的计算，但是，我也想对15岁的自己这样说："你所看到的周围的一切都是数学研究的对象。"形状奇怪的建筑、天气预报、民意调查等基于海量数据的预测，搜索引擎和人工智能——要是你能领会数学的核心理念，你对这些东西的理解都会变得更深入。尤其是现在，世界正在变得越来越复杂，我们需要一些能让它变得不那么令人眼花缭乱的东西。这正是数学的意义，而且数学完成这个任务的方式，往往没有我们以为的那么难以理解。